高等职业院校基于工作过程项目式系列教程

机器视觉特征提取与图像处理实战

河北对外经贸职业学院
天津滨海迅腾科技集团有限公司　编著
张效禹　主编

图书在版编目(CIP)数据

机器视觉特征提取与图像处理实战 / 河北对外经贸职业学院, 天津滨海迅腾科技集团有限公司编著 ; 张效禹主编. -- 天津 : 天津大学出版社, 2024.1
高等职业院校基于工作过程项目式系列教程
ISBN 978-7-5618-7660-2

Ⅰ. ①机… Ⅱ. ①河… ②天… ③张… Ⅲ. ①计算机视觉－高等职业教育－教材 Ⅳ. ①TP302.7

中国国家版本馆CIP数据核字(2024)第041669号

JIQI SHIJUE TEZHENG TIQU
YU TUXIANG CHULI SHIZHAN

主　编：张效禹
副主编：翁丽萍　孟祥忠　康富林
　　　　窦珍珍　韦　钰　侯庆海

出版发行　天津大学出版社
地　　址　天津市卫津路92号天津大学内（邮编：300072）
电　　话　发行部：022-27403647
网　　址　www.tjupress.com.cn
印　　刷　廊坊市海涛印刷有限公司
经　　销　全国各地新华书店
开　　本　787 mm×1092 mm　1/16
印　　张　14
字　　数　349千
版　　次　2024年1月第1版
印　　次　2024年1月第1次
定　　价　59.00元

前　言

随着计算机技术的飞速发展和人工智能的兴起，机器视觉在各个领域都扮演着越来越重要的角色。无论是在工业生产、医疗诊断、自动驾驶还是安防等领域，机器视觉都可以提供高效、准确和可靠的图像信息处理解决方案。机器视觉是研究计算机如何模拟和理解人类视觉系统的科学。通过使用计算机视觉，可以让计算机感知和理解图像、视频和现实世界。而特征提取和图像处理作为机器视觉的基础，对于从图像中提取有用信息和进行更高级别的分析具有关键作用。

本书旨在介绍机器视觉的核心概念、方法和技术，特别是特征提取和图像处理方面的理论和实践，内容从易到难、循序渐进，通过大量的实例和案例分析，帮助读者更好地理解和应用机器视觉技术。

本书共包括 10 个项目，分别为“初识计算机视觉”“图像基础处理和像素”“NumPy库”“图像处理高级操作”“图像变换”“阈值处理与图像运算”“形态学操作”“图像滤波与特征检测”“视频处理”以及“人脸检测与人脸识别”。每个项目均采用任务驱动的模式，按照“学习目标”→“学习路径”→“任务描述”→“任务技能”→“任务实施”→“任务总结”的思路编写，任务明确，重点突出，简明实用。同时，本书按照学生能力形成与学习动机发展规律进行教材目标结构、内容结构和过程结构的设计，使学生可以在较短的时间内快速掌握最实用的机器视觉特征提取和图像处理知识。并且，在每个任务总结后都附有英语角和练习题（习题答案另附），供读者在课外巩固所学的内容。

本书内容侧重实战，每个重要的技术都精心配置了实例，在讲解完技能点的详细内容后，通过实例介绍了该技能点的应用场景及实现效果，这种“技能点＋实例”的设置更易于记忆和理解，也为实际应用打下了坚实的基础。

本书由河北对外经贸职业学院张效禹担任主编，河北对外经贸职业学院翁丽萍、大连职业技术学院孟祥忠、定西职业技术学院康富林、天津滨海迅腾科技集团有限公司窦珍珍和韦钰、山东铝业职业学院侯庆海担任副主编。其中，项目一和项目二由张效禹负责编写，项目三和项目四由翁丽萍负责编写，项目五由孟祥忠负责编写，项目六由康富林负责编写，项目七和项目八由窦珍珍负责编写，项目九由韦钰负责编写，项目十由侯庆海负责编写。张效禹负责思政元素的搜集和整本书的编排。

本书内容通俗易懂，既全面介绍又突出重点，做到了点面结合；既讲述理论又举例说明，做到了理论和实践相结合，可以带领读者快速入门机器视觉特征提取与图像处理实践。无论是对于初学者还是从事相关研究和开发的专业人士，本书都将成为一本很好的参考资料。希望通过本书的学习，读者能够掌握机器视觉特征提取和图像处理的核心技术，为推动计算机视觉的发展作出贡献。

天津滨海迅腾科技集团有限公司

2023 年 8 月

目　录

项目一　初识计算机视觉……1

学习目标……1
学习路径……1
任务描述……2
任务技能……3
任务实施……11
任务总结……14
英语角……14
任务习题……14

项目二　图像基础处理和像素……16

学习目标……16
学习路径……16
任务描述……17
任务技能……18
任务实施……31
任务总结……33
英语角……34
任务习题……34

项目三　NumPy 库……35

学习目标……35
学习路径……35
任务描述……36
任务技能……37
任务实施……62
任务总结……66
英语角……66
任务习题……67

项目四　图像处理高级操作……68

学习目标……68
学习路径……68

任务描述…………69
任务技能…………70
任务实施…………90
任务总结…………93
英语角…………93
任务习题…………94

项目五 图像变换…………95

学习目标…………95
学习路径…………95
任务描述…………96
任务技能…………97
任务实施…………108
任务总结…………113
英语角…………113
任务习题…………113

项目六 阈值处理与图像运算…………115

学习目标…………115
学习路径…………115
任务描述…………116
任务技能…………117
任务实施…………128
任务总结…………131
英语角…………131
任务习题…………132

项目七 形态学操作…………133

学习目标…………133
学习路径…………133
任务描述…………134
任务技能…………135
任务实施…………143
任务总结…………146
英语角…………146
任务习题…………147

项目八 图像滤波与特征检测…………148

学习目标…………148
学习路径…………148

任务描述…… 149
任务技能…… 150
任务实施…… 177
任务总结…… 180
英语角…… 180
任务习题…… 180

项目九　视频处理…… 182

学习目标…… 182
学习路径…… 182
任务描述…… 183
任务技能…… 183
任务实施…… 190
任务总结…… 193
英语角…… 193
任务习题…… 193

项目十　人脸检测与人脸识别…… 195

学习目标…… 195
学习路径…… 195
任务描述…… 196
任务技能…… 196
任务实施…… 211
任务总结…… 214
英语角…… 214
任务习题…… 215

项目一　初识计算机视觉

通过对计算机视觉的探索与学习，读者可以了解计算机视觉的概念、原理及应用，熟悉OpenCV库的概念和模块，掌握OpenCV库的发展情况与应用，获得搭建OpenCV库开发环境的能力，在任务实施过程中：

- 了解什么是计算机视觉；
- 熟悉计算机视觉处理工具；
- 掌握OpenCV的安装；
- 掌握在不同平台安装OpenCV的技能。

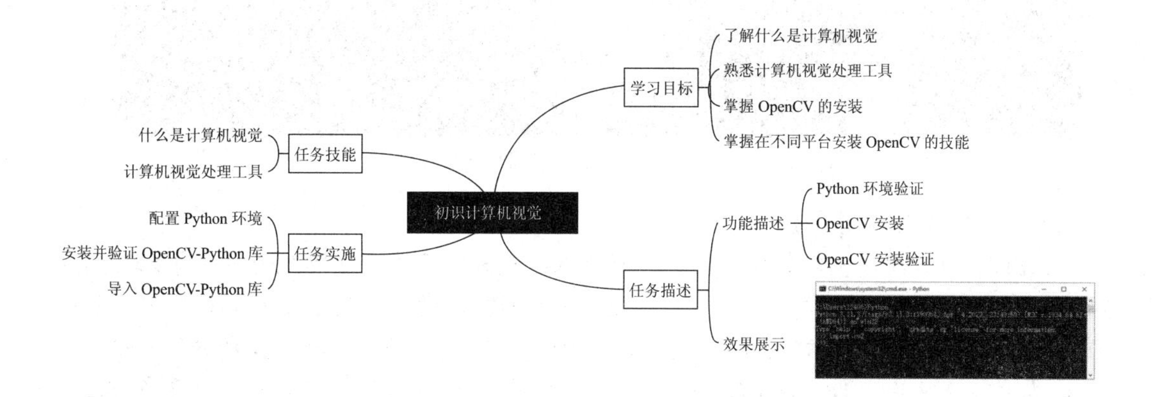

【情境导入】

随着时代的发展与科技的进步,计算机视觉的应用越来越广泛,包括图像分类、目标检测、图像分割、视频分类等。通过对本项目 OpenCV 库的学习,读者可以掌握 OpenCV 开发环境的搭建方法。

【功能描述】

- Python 环境验证;
- OpenCV 安装;
- OpenCV 安装验证。

【效果展示】

通过对本项目的学习,读者能够了解 OpenCV 库相关知识,实现 openCV-Python 库的安装,效果如图 1-1 所示。

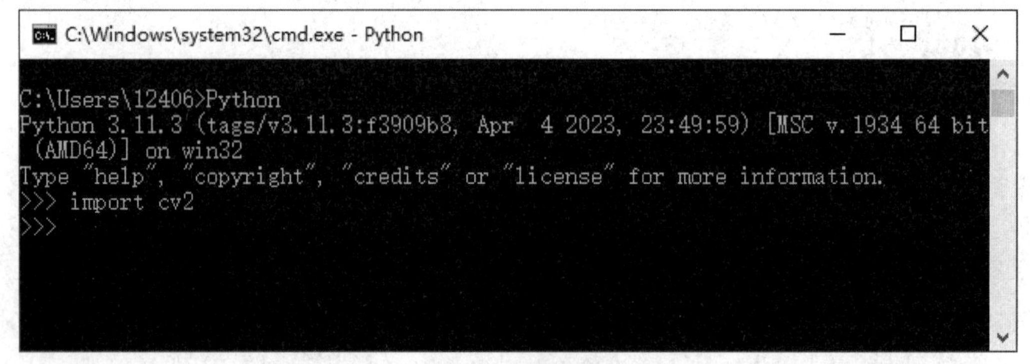

图 1-1 效果图

课程思政:激发人才活力,建设科技强国

在国内,机器视觉技术的发展已经逐渐进入成熟期。尽管与国际先进水平相比仍然存在一定差距,但随着深度学习和神经网络等人工智能技术的不断进步以及高精度传感器的应用,国内的机器视觉技术将会迎来更快速的发展。未来,国内机器视觉技术将朝着更加智能化、集成化和模块化的方向发展,在工业生产、医疗诊断、安防监控等领域实现更多的技术突破和应用创新。作为新时代科技人才,不仅需要具备扎实的技术功底,还要具备跨学科的综合能力。

技能点 1　什么是计算机视觉

计算机视觉是一门研究如何使机器“看”的科学，更进一步地说，就是指用摄影机和计算机代替人眼对目标进行识别、跟踪和测量等，并进一步进行图像处理，使之成为更适合人眼观察的图像。作为一门科学，计算机视觉研究相关的理论和技术，试图建立能够从图像或者多维数据中获取“信息”的人工智能系统。

1. 计算机视觉定义

计算机视觉是使用计算机及相关设备对生物视觉的一种模拟。它的主要任务就是通过对采集的图片或视频进行处理获得相应场景的三维信息，形象地说，就是给计算机安装上眼睛（照相机）和大脑（算法），能够让计算机感知环境。中国人常说的“眼见为实”和西方人常说的“One picture is worth ten thousand words”表达了视觉对人类的重要性。不难想象，机器视觉的应用前景将会多么宽广。

计算机视觉属于工程领域，也是科学领域中一个富有挑战性的重要的研究方向。计算机视觉作为一门交叉学科，涉及计算机科学和工程、数学、信号处理等多个领域。

2. 计算机视觉原理

计算机视觉的目标是希望通过利用各种成像系统和复杂的技术与算法，使计算机具有类似于人类视觉系统的感知和理解能力。它可以让计算机通过图像和视频获取信息，并对其进行分析、识别、分类、跟踪和处理，以帮助人们更好地了解世界并作出更准确的决策。但要实现这样的目标，还需要长期的研究和探索。

目前，计算机视觉的工作原理主要包括 3 个方面，分别是图像获取、图像处理以及图像分析。

1）图像获取

图像获取即使用传感器将现实世界中的光学信息转化为数字信号。通常情况下，使用数字相机、摄像头或扫描仪等设备来获取数字图像，图像获取如图 1-2 所示。

图 1-2　图像获取

2）图像处理

图像处理即对获取到的数字图像进行一些预处理操作，如调整图像大小、增强对比度、去噪声等，以便于后续的分析和处理。在这一过程中，涉及一些基本的数字图像处理算法，如图像滤波、边缘检测、特征提取等。图像处理效果如图 1-3 所示。

图 1-3　图像处理效果

3）图像分析

图像分析即利用机器学习、深度学习等技术，对图像进行分析和识别。这一步骤是计算机视觉中最关键的一步，涉及很多经典的模型和算法，如卷积神经网络（CNN）、支持向量机（SVM）等。通过这些算法，可以实现图像分类、物体检测、物体跟踪、场景理解等，图像分析如图 1-4 所示。

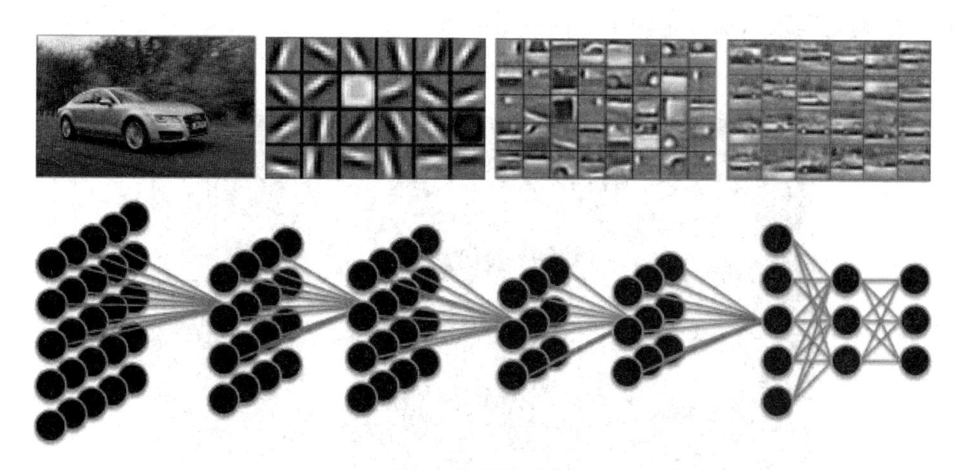

图 1-4　图像分析

3. 计算机视觉应用

计算机视觉的应用非常广泛，例如智能安防、医学影像分析、无人驾驶、工业制造、游戏交互等。其中，智能安防中的人脸识别已经逐渐成为人们生活和工作中不可或缺的一部分。同时，随着计算机硬件性能的提高和深度学习算法的不断发展，计算机视觉也在不断地发展和完善，并将会给人们带来越来越多的惊喜和便利。

1）智能安防

利用计算机视觉可以实现人脸识别、车牌识别、物体检测等功能。这些技术可以帮助安防系统实现更加准确和高效的监控和报警。例如，警察可以使用人脸识别技术对比监控录像中的犯罪嫌疑人与数据库中的照片，从而追踪犯罪嫌疑人。人脸识别示意如图 1-5 所示。

图 1-5　人脸识别示意

2）医学影像分析

可以利用计算机视觉对医学影像进行自动分析和识别。这种技术可以帮助医生快速而准确地分析患者的病情。例如，在计算机辅助诊断（CAD）方面，计算机视觉可以通过对影像进行分析和处理来识别医学图像中的异常区域，从而提供识别结果和建议。医学影像分析如图 1-6 所示。

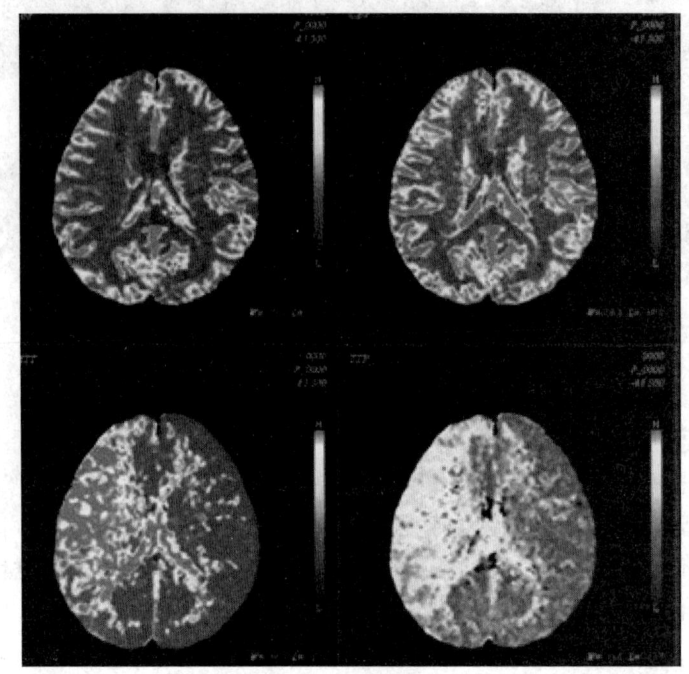

图 1-6　医学影像分析

3）无人驾驶

计算机视觉可以通过识别道路标志、行人和车辆等，帮助自动驾驶汽车实现自主导航和避障。例如，谷歌无人驾驶汽车使用计算机视觉技术来感知周围环境并控制车辆行驶。无人驾驶如图 1-7 所示。

图 1-7　无人驾驶

4）工业制造

利用计算机视觉可以进行产品的质量检测和缺陷检测。例如，机器视觉系统可以用于检查产品的外观缺陷和尺寸精度，并判断产品是否合格，如图 1-8 所示。

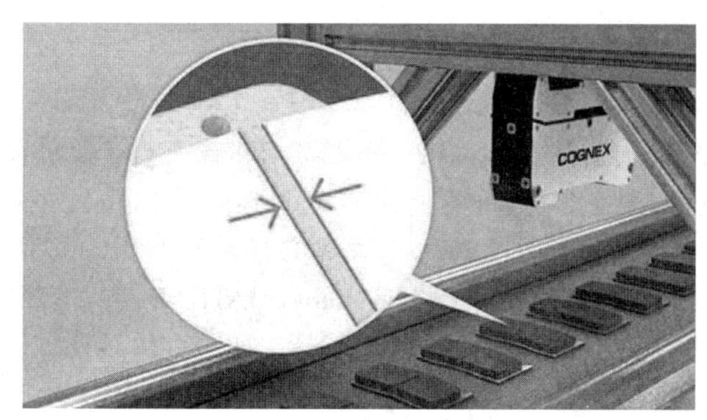

图 1-8　产品检测

5）游戏交互

计算机视觉可以通过摄像头捕捉玩家的身体动作，从而实现更加真实和自然的游戏交互体验。这种技术可以消除游戏手柄的限制，使得玩家可以更加自由地进行操作，如图 1-9 所示。

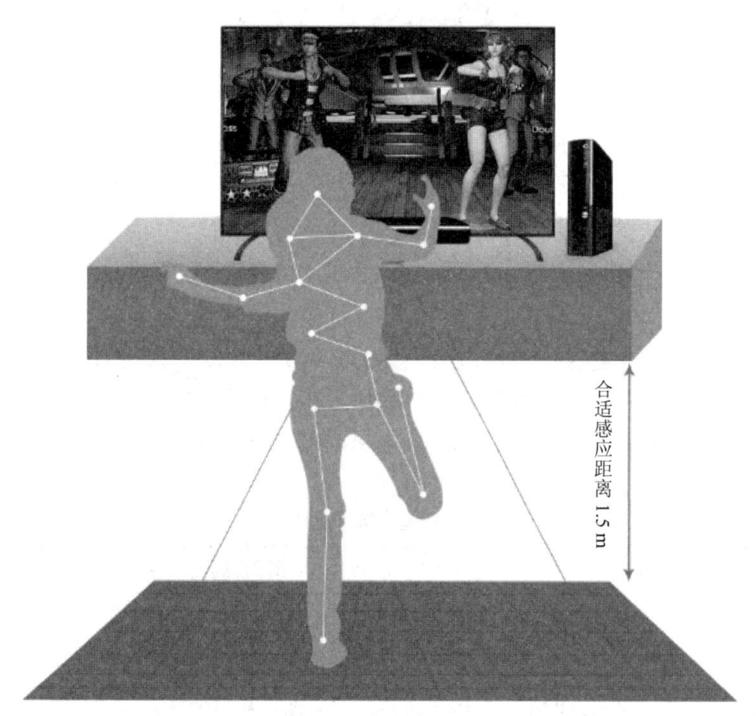

图 1-9　游戏交互

技能点 2 计算机视觉处理工具

1. OpenCV 概述

OpenCV 是一个基于 Apache2.0 许可（开源）发行的跨平台计算机视觉和机器学习软件库，主要用于图像处理、图像分析、机器视觉等，可以运行在 Linux、Windows、Android 和 Mac OS 操作系统上。它轻量而且高效，由一系列 C 函数和少量 C++ 类构成，且所有代码都经过优化，计算效率很高，同时提供了 Python、Ruby、MATLAB 等语言的接口，以及图像处理和计算机视觉方面的很多通用算法。OpenCV 的标志如图 1-10 所示。

图 1-10 OpenCV 的标志

2. OpenCV 发展

OpenCV 最初的灵感来源于英特尔想要加强 CPU 集群性能的研究，并且得益于 Gary Bradski 的发现及其与团队的合作，自此 OpenCV 得以开始策划并推动了计算机视觉领域的发展。可以说，OpenCV 的出现推动了计算机视觉技术的快速成长，为众多应用程序提供了优秀的基础算法和工具，使得计算机视觉领域的学习和开发变得更加便捷和高效。现今，OpenCV 开发团队已经成立了开源基金会，致力于推广计算机视觉技术，并且实现了各个领域的支持者和贡献者的积极参与。OpenCV 发展历程见表 1-1。

表 1-1 版本时间线

时间	详情
1999 年	Gary Bradski 开始开发 OpenCV
2000 年	OpenCV 1.0 版本发布，支持基本图像处理操作和计算机视觉算法
2005 年	OpenCV 1.1 版本发布，增加了对图像和视频处理、特征提取等方面的支持
2006 年	OpenCV 1.2 版本发布，进一步扩展了图像和视频处理、特征提取等方面的功能，同时针对多媒体应用进行了优化

续表

时间	详情
2008 年	OpenCV 2.0 版本发布，采用了更加高效的 C++ 编写方式，支持多核 CPU 和 GPU 的加速，并增强了计算机视觉算法的性能和鲁棒性
2010 年	OpenCV 2.1 版本发布，增加了对人脸检测、跟踪和立体视觉等方面的支持
2012 年	OpenCV 2.4 版本发布，引入了对移动设备的支持，并扩展了非常用图像处理算法的应用范围
2015 年	OpenCV 3.0 版本发布，支持 Python 和 Java 等语言的调用，增加了深度学习模块和可编程流水线框架等新功能
2018 年	OpenCV 4.0 版本发布，增加了对 DNN（Deep Neural Networks）模块的改进、加速和优化，并加入了对 OpenCL 加速的支持
2020 年	OpenCV 4.5 版本发布，加入了对 Vulkan 和 WebAssembly 的支持，同时还引入了更多的深度学习模型和算法，例如 YOLOv4、DeepSORT 等
现今	最新版本为 OpenCV 4.7

3. OpenCV 应用

OpenCV 具有广泛的应用场景，包括医疗健康、自动驾驶、机器人、虚拟现实、游戏等多个领域。开发者可以根据自己的需求和特定场景选择合适的 OpenCV 技术，将其应用于自己的项目开发。

1）图像处理

图像处理是许多领域的基础工作。OpenCV 提供了许多图像处理函数和工具，如图像滤波、边缘检测、几何变换和色彩空间转换等。这些函数和工具可以帮助用户实现一些常见的任务，如图像去噪、图像增强、色彩平衡等。OpenCV 色彩平衡效果如图 1-11 所示。

图 1-11　OpenCV 色彩平衡效果

2）视频监控

OpenCV 提供了广泛的视频处理算法，能够实现帧率控制、视频压缩等功能，被广泛应用于视频监控、视频通话等领域。OpenCV 视频监控如图 1-12 所示。

图 1-12　OpenCV 视频监控

3）图像分割

OpenCV 提供了多种图像分割算法，可以将图像划分成不同的区域，从而提取出关键部分或用于图像识别，如文本识别、字符识别、手写字识别等。另外，还可以针对个性化需求进行图像分割，如人物照片中的背景去除。OpenCV 图像分割如图 1-13 所示。

图 1-13　OpenCV 图像分割

4）人脸识别

人脸识别已经成为当今社会安全领域的热门话题之一。OpenCV 的人脸检测和人脸识别技术，可以应用于各种应用程序，如自动化人脸打卡考勤系统、公共场所安全门禁系统、智能家居、智能手机解锁等。OpenCV 的人脸识别库可以实现对多个人脸进行检测和识别，并且识别速度快、准确性高。OpenCV 人脸识别如图 1-14 所示。

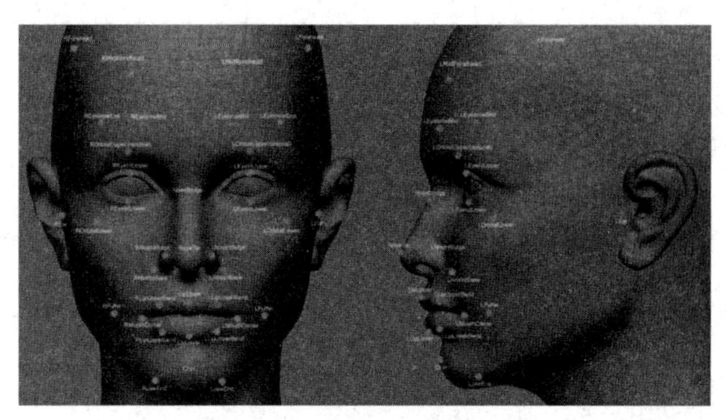

图 1-14　OpenCV 人脸识别

5）目标检测

OpenCV 提供了许多机器学习算法和模型，可用于训练识别物体的模型，可以检测图像或视频帧中的物体。这种技术被广泛应用于自动驾驶、智能家居等领域，如可用于车牌识别、行人检测、物品分类等。OpenCV 目标检测如图 1-15 所示。

图 1-15　OpenCV 目标检测

通过对计算机视觉概念、处理工具的了解，完成 OpenCV 在 Windows 操作系统的安装，步骤如下。

第一步：按“Win+R”键，输入“cmd”，进入命令窗口，效果如图 1-16 所示。

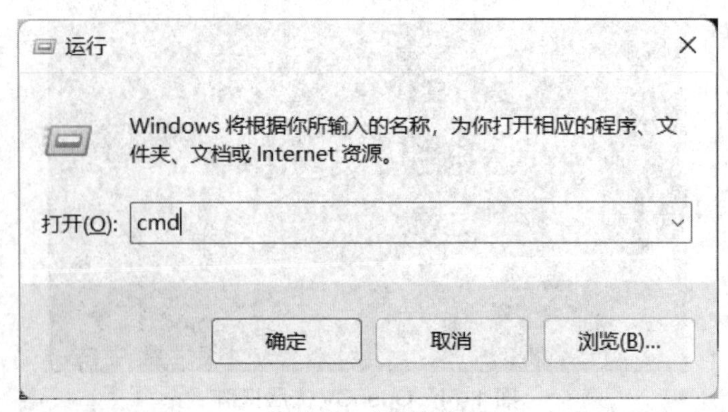

图 1-16　运行面板

第二步：在命令窗口输入“Python”，验证 Python 环境是否已经安装，效果如图 1-17 所示。

图 1-17　查看 Python 版本

第三步：退出 Python 交互环境，使用“pip”命令进行 OpenCV-Python 的安装，命令如下所示。

```
pip install opencv-python
```

效果如图 1-18 所示。

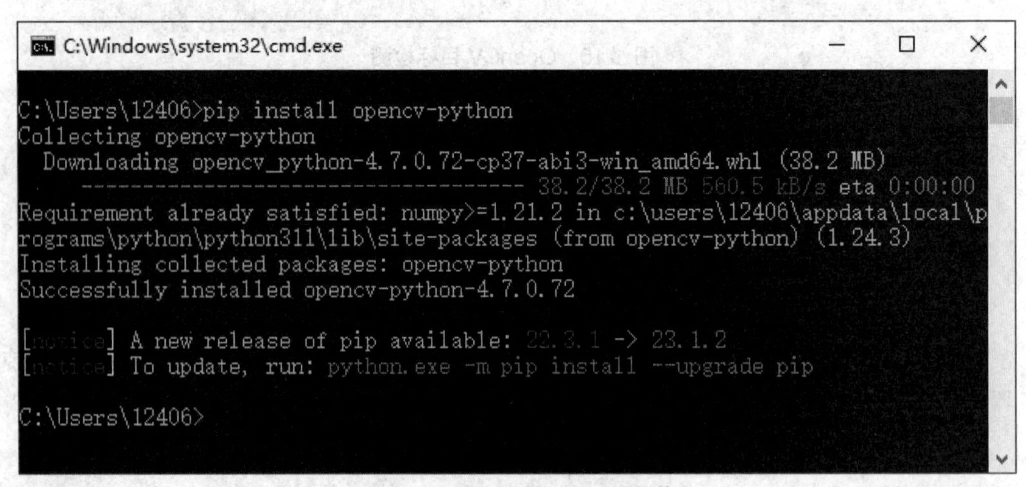

图 1-18　OpenCV-Python 安装

第四步：安装成功以后，查看 Python 库中是否存在“opencv-python”。输入“Pip list”会显示 Python 所有的库，查找“opencv-python”库是否存在，效果如图 1-19 所示。

```
C:\Windows\system32\cmd.exe
MarkupSafe           2.1.2
matplotlib-inline    0.1.6
mistune              2.0.5
nbclassic            1.0.0
nbclient             0.7.4
nbconvert            7.4.0
nbformat             5.8.0
nest-asyncio         1.5.6
notebook             6.5.4
notebook_shim        0.2.3
numpy                1.24.3
opencv-python        4.7.0.72
packaging            23.1
pandocfilters        1.5.0
parso                0.8.3
pickleshare          0.7.5
pip                  22.3.1
platformdirs         3.5.1
prometheus-client    0.16.0
prompt-toolkit       3.0.38
psutil               5.9.5
pure-eval            0.2.2
pycparser            2.21
Pygments             2.15.1
```

图 1-19　查找“opencv-python”库

第五步：再次进入 Python 交互环境，使用“import”引入“opencv-python”库，验证是否安装成功，效果如图 1-20 所示。

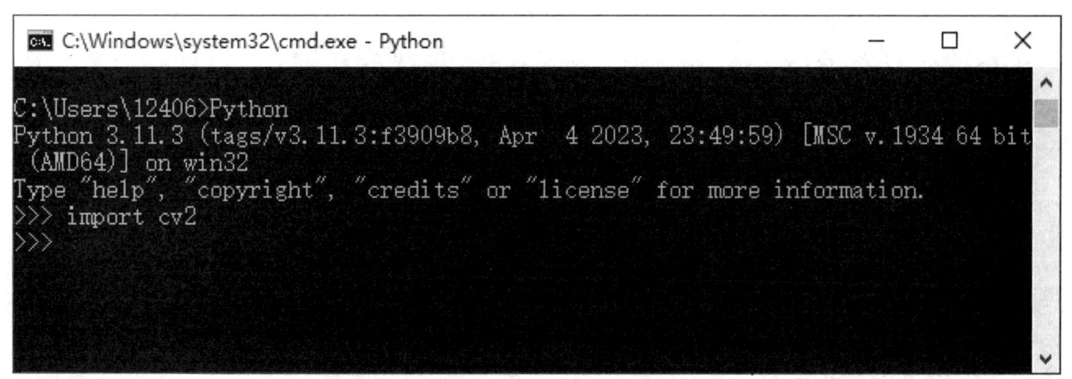

图 1-20　“opencv-python”安装验证

通过对本项目OpenCV环境安装的实现，读者对计算机视觉的概念、原理及应用有所了解，对OpenCV的发展历史、应用以及安装有所了解并掌握，并能够运用所学的OpenCV知识，实现在不同平台进行OpenCV的安装。

grand challenge	重大挑战
notebook	笔记本
computational vision	计算机视觉
untitled	无标题
install	安装
show	展示
uninstall	卸载
config	配置
list	列表
version	版本

一、选择题

1. 计算机视觉的工作原理不包括（　　）。

A. 图像获取　　B. 图像处理

C. 图像制作　　D. 图像分析

2. 计算机视觉的目标是（　　）。

A. 使计算机具有类似于人类视觉系统的感知和理解能力

B. 对图像进行收集

C. 对图像进行处理

D. 以上都是

3. 在 2015 年时，(　　)版本发布后，支持了 Python 和 Java 等语言的调用。

A. OpenCV 3.0　　B. OpenCV 4.0

C. OpenCV 4.1　　D. OpenCV 3.2

4. OpenCV 库是一个可以用于(　　)的开源函数库。

A. 图像处理　　B. 图像分析

C. 计算机视觉　　D. 以上都是

5. 以下(　　)不是 OpenCV 的应用。

A. 网络爬虫　　B. 人机交互

C. 图像识别　　D. 人脸识别

二、简答题

1. 简述计算机视觉的原理。

2. 举几个 OpenCV 的应用场景的例子。

项目二　图像基础处理和像素

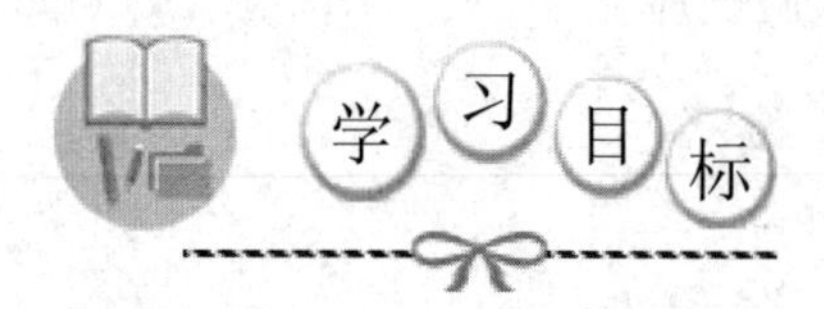

通过对图像处理和像素的探索和练习，读者可以了解图像处理和像素的基础知识，熟悉图片的读取和像素的存储，掌握对图像的显示、复制以及保存，掌握获取图像基本属性以及处理像素的技能，在任务实施过程中：

- 了解什么是图像处理和像素；
- 掌握图像处理的基本操作；
- 熟悉图像处理操作的常用函数；
- 掌握对图像像素进行处理的技能。

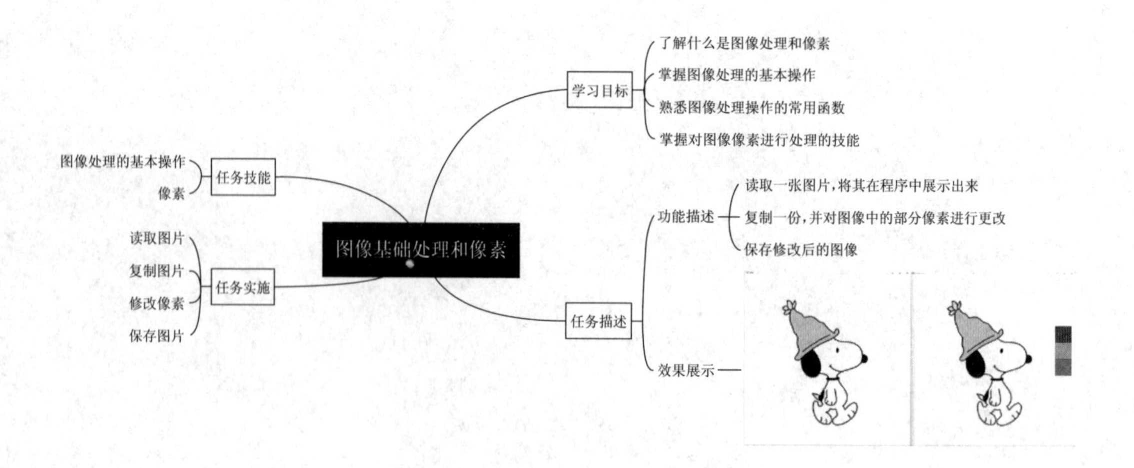

【情景导入】

随着新时代的到来，智能手机和相机的普及，图片也不再是单一的灰色图片了，当使用智能手机或相机拍了一张喜欢的图片，想对图片进行处理时，可以使用 OpenCV 库对图像进行一系列的操作，可以更加方便地去获取图像的一些属性信息。本项目通过使用 OpenCV 库中图像处理的相关函数，最终实现对图片的读取、修改、保存和复制等功能。

【功能描述】

- 读取一张图片，将其在程序中展示出来；
- 复制一份，并对图像中的部分像素进行更改；
- 保存修改后的图像。

【效果展示】

通过对本项目的学习，读者能够使用 OpenCV 库对素材图片进行图像读取、图像复制、图像像素修改、图像保存等操作，在图片的适当空白区域添加蓝色、绿色和红色 3 种颜色。效果如图 2-1 所示。

图 2-1　效果展示

课程思政:影响世界的图像处理技术——汉字激光照排

汉字激光照排系统是我国科学家王选主持的一项伟大发明,是我国自主创新的典型代表。其核心技术是高倍率汉字信息压缩技术、高速度还原技术和不失真的文字变倍技术。

我们知道,图像是以数字化点阵形式存储的,汉字字形也是一种图像,用数字点阵标识,一个一号字要由8万多个点组成,全部汉字不同字号的字模存贮量非常巨大。因此,如何压缩汉字字形图像成为实现激光照排的关键问题。王选教授带领研制人员攻坚破难,在条件艰苦、经费紧张的情况下,研制出了一种字形信息压缩和快速复原技术,即"轮廓加参数描述汉字字形的信息压缩技术",就是将横、竖、折等规则笔画用一系列参数精确表示,将曲线形式的不规则笔画用轮廓表示,并实现了失真程度最小的字形变倍和变形。这种技术使存贮量减少到原来的五百万分之一,与此同时,在世界上首次提出并实现用附加信息控制字形变大变小时敏感部分的质量,解决了汉字激光照排的关键难题。西方国家用了40年时间才从第一代照排机发展到第四代激光照排系统,而王选发明的汉字激光照排系统,却使我国印刷业从落后的铅字排版一步跨进了世界最先进的技术领域,发展历程缩短了近半个世纪,使印刷行业的效率提高了几十倍,使图书、报刊的排版印刷告别了"铅"与"火",进入了"光"与"电"的时代。

"不要急于满口袋,先要满脑袋,满脑袋的人最终也会满口袋。"——王选

技能点 1　图像处理的基本操作

1. 图像基础知识

图像是人类视觉的基础,是对自然景物的客观反映,是人类认识世界的重要源泉。"图"是物体反射或透射光的分布,"像"是人的视觉系统所接受的图在人脑中所形成的印象或认识,照片、剪贴画、地图、书法作品、手写汉字、卫星云图、影视画面、X光片、脑电图、心电图等都是图像。

对于图像,一般认为只有两种色彩表现方式,一种是黑白的灰度图像,另一种是三个单通道颜色混合而成的彩色图像,电脑上的彩色图是以RGB(红－绿－蓝,Red-Green-Blue)颜色模式显示的,但OpenCV中彩色图是以B-G-R通道顺序存储的(如图2-2所示),灰度图只有一个通道(RGB是三通道,灰度图是单通道)。

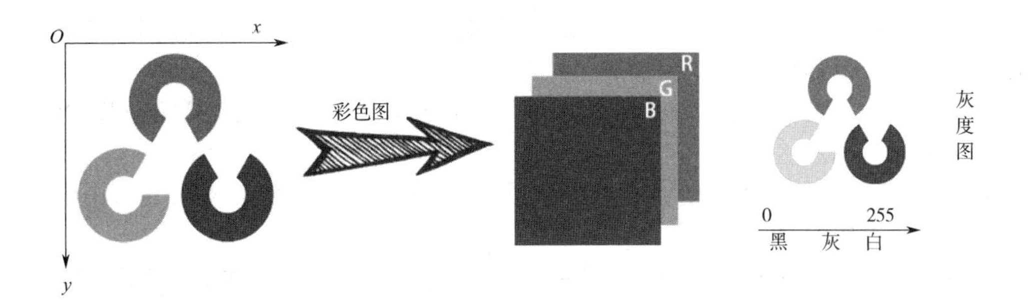

图 2-2　RGB 图像

由图 2-2 可知，图像的左上角顶点是零坐标顶点，水平方向为 x 坐标轴，垂直方向为 y 坐标轴，由此，图像中的某一点像素坐标可表示为（x,y,z），其中 x,y 表示该像素的位置，z 表示通道，如果使用 OpenCV 读取图像，可用 0，1，2 表示，分别对应 BGR 3 个通道，例如一幅 640 像素 ×480 像素的彩色图像，其中间像素位置为（320，240），如果要对每个通道像素分别取值，则可取为（320,240,0），（320,240,1），（320,240,2）。

2. 图像处理简介

数字图像，又称为数码图像或数位图像，是将二维图像用有限数字、数值像素表示。数字图像是通过模拟图像数字化得到的，以像素为基本元素，可以用数字计算机或数字电路存储和处理的图像。一张图片由很多像素点组成，它们以矩阵的形式排列，如图 2-3 所示。

图 2-3　像素矩阵

目前的图像处理几乎都是数字图像处理，是利用计算机对数字图像进行一系列运算和处理操作，以提取有用的信息或改善图像质量，达到预期结果的一门技术。图像处理包括图像基本处理（滤波、二值化、形态学操作等）、图像增强、图像压缩、图像复原和图像匹配等。

● 图像基本处理。OpenCV 提供了读写图像、浮点数和整数转换、通道拆分与合并等基本图像操作，用户可以轻松地对图像进行增强、变形、调整大小、旋转等处理。

● 图像增强。改善图像质量，使其更适合人类视觉或特定应用的需要，例如调整亮度和对比度、颜色平衡、降噪、锐化等处理。

● 图像压缩。通过数据压缩技术减少图像所占用的存储空间或传输带宽，例如 JPEG、PNG 等图像压缩算法。

● 图像复原。通过数学模型推算出图像原本所具有的特征与信息，例如消除图像运动模糊、去除图像光照非均匀性等。

● 图像匹配。通过计算机算法，比对不同图像间的相似性，例如人脸识别、指纹识别等。

3. 图像简单处理操作

目前，OpenCV 针对图像简单处理操作提供了多个函数，其功能包括读取图像、展示图像、复制图像、保存图像和获取图像属性等，常用函数见表 2-1。

表 2-1　图像简单处理函数表

函数	描述
cv2.imread()	读取图像
cv2.imshow()	展示图像
img.copy()	复制图像 (img 为图像像素数组)
cv2.imwrite()	保存图像
img.shape	可以获取图像的形状，返回包含行数、列数、通道数的元组 (img 为图像像素数组)
img.size	可以获取图像的像素数目 (img 为图像像素数组)
img.dtype	用于获取图像的数据类型 (img 为图像像素数组)

1）cv2.imread()

在对图像进行操作时，需要先读取一张图片，在 OpenCV 库中使用函数 cv2.imread() 实现上述操作，语法格式如下所示。

```
cv2.imread(filepath,flags)
```

参数说明见表 2-2。

表 2-2　imread() 函数参数表

参数	描述
filepath	表示待读取的图像文件路径（可为相对路径或绝对路径）
flags	表示读取图像的方式，可选参数值如下： ● cv2.IMREAD_COLOR：默认值，读入一张彩色图片，忽略 alpha 通道 ● cv2.IMREAD_GRAYSCALE：读入灰度图片 ● cv2.IMREAD_UNCHANGED：读入一张完整的图片，包括 alpha 通道

下面对 imread() 函数的使用进行演示，首先准备一张图片（图 2-4），使用 imread() 函数对图片进行读取，示例代码如下所示。

```
# 导入 OpenCV 库
import cv2
# 设置一个自定义路径
path = r'D:\1.png'
# 通过 cv2 调用 imread 函数并且传入 path 变量作为参数
cv2.imread(path)
```

代码运行效果如图 2-5 所示。

图 2-4　OpenCV 的标志

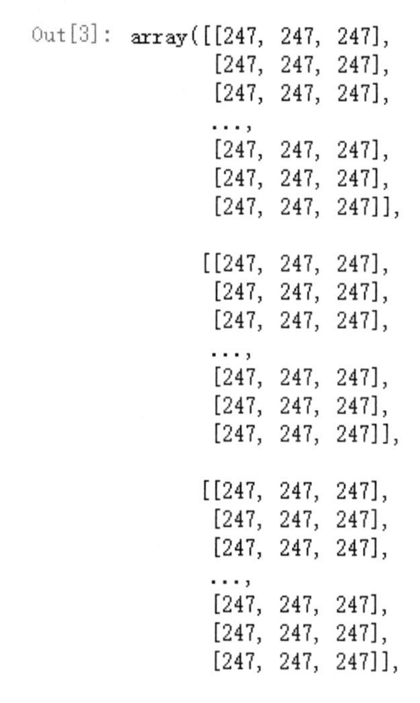

图 2-5　imread() 函数代码运行效果

在使用 cv2.imread() 函数时，应注意以下几点。

● 图片路径中不能包含中文或其他特殊字符，建议使用英文或数字命名。

● imread() 函数读入的图片格式为 BGR，而不是常见的 RGB 格式。因此，在进行图像处理时需要先将 BGR 格式转换为 RGB 格式。

● 如果读入的图片过大，可能会导致内存占用过高的问题，因此应谨慎使用。

2）cv2.imshow()

在读取一张图片后，读取的结果并不能展示一张图片，而是返回图像的像素数组。想要展示读取的图片，则需要使用 OpenCV 库中的函数 cv2.imshow()，语法格式如下所示。

```
cv2.imshow(name, img)
```

参数说明见表 2-3。

表 2-3　imshow() 函数参数表

参数	描述
name	显示图像的窗口名字
img	是即将要显示的图像（imread() 函数读入的图像），窗口大小自动调整为图片大小

另外，需要注意的是显示图片时要让程序暂停，否则图片会一闪而过，用户就不能观察到图片，因此需要用到 cv2.waitKey() 函数。

cv2.waitKey() 是一个键盘绑定的函数，函数的作用是等待一个键盘的输入（因为创建的图片窗口如果没有这个函数的话会闪一下就消失了，所以如果需要让它持久输出，可以使用该函数），如果在此期间按下任何键，程序将继续进行。另外，也可以将其设置为一个特定的键，语法格式如下所示。

```
cv2.waitKey([delay])
```

其中，delay 表示等待时间，单位为毫秒。当 delay 为 0 时，表示无限等待。当等待期间有键盘输入时，返回该键码的 ASCII 码值；否则，返回 -1。

通常情况下，cv2.waitKey() 函数用于在 OpenCV 窗口中显示图像，并等待用户按键退出窗口。例如，通过使用 OpenCV 库中的 imshow() 函数，对读取的图片进行展示，示例代码如下所示。

```
# 导入 OpenCV 库
import cv2
# 设置一个自定义路径
path = r'D:\1. jpg'
# 通过 cv2 调用 imread 函数并且传入 path 变量作为参数
img = cv2.imread(path,1)
# 通过 namedWindow 函数设置窗口可调整
cv2.namedWindow('image', cv2.WINDOW_NORMAL)
# 通过窗口展示图片：第一个参数为窗口名，第二个为读取的图片变量
cv2.imshow('image',img)
# 暂停 cv2 模块，不然图片窗口一瞬间就会消失，观察不到
cv2.waitKey(0)
```

代码运行效果如图 2-6 所示。

注意：运行程序后会发现，如果图片太大，窗口是无法调节大小的，这时可以使用 namedWindow() 函数指定窗口是否可以调整大小。在默认情况下，标志为 cv2.WINDOW_AUTOSIZE。但是，如果指定标志为 cv2.WINDOW_NORMAL，则可以调整窗口的大小。当图像尺寸太大，并在窗口中添加跟踪条时，这些操作可以让我们的工作更方便。

图 2-6　通用 imshow() 函数展示图像

在使用 cv2.waitKey() 函数时，有如下几个方面需要注意。

● 该函数只能在 OpenCV 窗口中使用，不能在控制台中使用。

● 如果 delay 参数为 0，程序会一直等待，直到用户按下任意键，因此应该在确定用户已经完成交互之后再使用。

● 该函数返回的是整数型变量，表示用户按下的键的 ASCII 码值或 -1。如果用户按下非 ASCII 码值的键（如方向键、功能键等），则返回值可能与预期不同。

3）img.copy()

在对图像进行处理时，若要复制当前图片，并将其展示出来，则可以通过 OpenCV 库中的 copy() 函数实现。语法格式如下所示。

```
img.copy() #img 为读取的图像数组名
```

示例代码如下所示。

```
# 导入 OpenCV 库
import cv2
# 设置一个自定义路径
path = r'D:\4.jpg'
# 通过 cv2 调用 imread 函数并且传入 path 变量作为参数
img = cv2.imread(path,1)
#img1 是新图像，img 是原图像
img1=img.copy()
```

```
# 通过 namedWindow 函数设置窗口可调整
cv2.namedWindow('image', cv2.WINDOW_NORMAL)
# 通过窗口展示图片 第一个参数为窗口名 第二个为读取的图片变量
cv2.imshow('image',img1)
# 暂停 cv2 模块 不然图片窗口一瞬间就会消失 观察不到
cv2.waitKey(0)
```

代码运行效果如图 2-7 所示。

图 2-7 通过 copy () 函数复制图像

4）cv2.imwrite()

在对图像进行处理时，若要保存处理好的图片，则可以使用 OpenCV 库中的 imwrite() 函数将图片保存到指定路径，如果保存成功，返回 True，否则返回 False，语法格式如下所示。

```
cv2.imwrite(path,image)
```

参数说明见表 2-4。

表 2-4 imwrite() 函数参数表

值	描述
path	保存图片的路径（自定义名称）
image	读取的图片对象

该函数在使用时的注意事项如下。

- 调用该函数之前，应该先确保 path 所表示的目录已经存在，否则会报错。
- 保存的图像格式由 path 所表示的文件的扩展名决定。
- 保存图像时，会压缩为指定的格式，导致图像质量损失。建议在程序中尽量使用未压缩的格式（如 BMP、PNG），以避免图像质量损失。

用 OpenCV 库中的函数对素材进行读取、展示、复制、保存 4 种操作，示例代码如下所示。

```
# 导入 OpenCV 库
import cv2
# 设置一个自定义路径
path = r'D:/5.jpg'
# 通过 cv2 调用 imread 函数并且传入 path 变量作为参数
img = cv2.imread(path,1)
#img1 是新图像，img 是原图像
img1=img.copy()
# 通过 namedWindow 函数设置窗口可调整
cv2.namedWindow('image', cv2.WINDOW_NORMAL)
# 通过窗口展示图片 第一个参数为窗口名 第二个为读取的图片变量
cv2.imshow('image',img1)
# 存储路径和存储名称，第二项为存储对象
cv2.imwrite('D:\OpenCV\dolphins.jpg', img1)
# 暂停 cv2 模块 不然图片窗口一瞬间就会消失 观察不到
cv2.waitKey(0)
```

代码运行效果如图 2-8 和图 2-9 所示。

图 2-8　展示图像

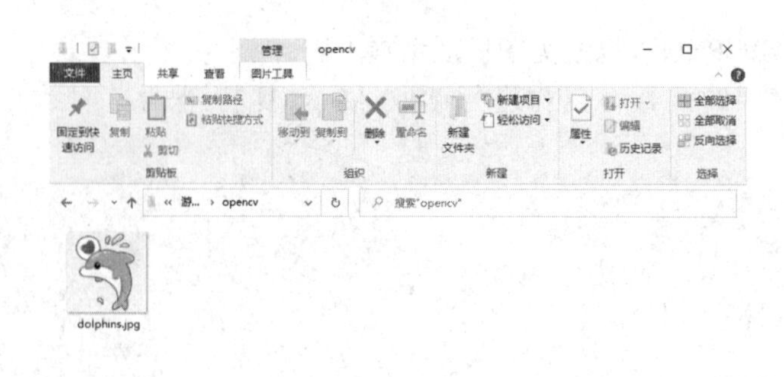

图 2-9　保存图像

5）获取图像属性（shape、size、dtype）

在 OpenCV 中，读取一张图片后，可以通过 shape、size、dtype 等属性获取图像的相关信息。其中，shape 用于获取图像的形状，返回包含行数、列数、通道数的元组；size 用于获取图像中像素的总数，即图像的高度乘宽度，并且若为灰度图像，返回值 = 行数 × 列数，若为彩色图像，返回值 = 行数 × 列数 × 通道数；dtype 用于获取图像的数据类型，如 uint8、int16、float32 等。语法格式如下所示。

```
img.shape
img.size
img.dtype
```

例如，对图 2-4 所示图片进行图像属性获取操作，并对属性值进行展示，示例代码如下所示。

```
# 导入 OpenCV 库
import cv2
# 设置一个自定义路径
path = r'D:/1.png'
# 通过 cv2 调用 imread 函数并且传入 path 变量作为参数
img = cv2.imread(path,1)
print(img.shape)
print(img.size)
print(img.dtype)
```

代码运行效果如图 2-10 所示。

```
(714, 745, 3)
1595790
uint8
```

图 2-10　获取彩色图像属性运行结果图

shape 函数可以用来查看图像的结构，会返回行数、列数（图像的高度和宽度），如果是彩色图像，还会返回通道数，如 BGR 图像返回为（714，745，3），灰色图像返回为（714，745）。

技能点 2　像素

人类从外界获取的信息，有 80% 以上是通过眼睛获取的。要让计算机具有人的智能，首先要解决的就是“看”的问题，而计算机“看”到的图像均以像素的形式展现。

机器视觉图像处理是人工智能快速发展的一个分支，被誉为智能制造的“眼睛”，是提高制造业生产效率和提升智能自动化水平的关键。同时我国企业商汤在 ImageNet 2016 国际竞赛中一举获得物体检测、视频物体检测和场景分析三项冠军，让全世界领略了我国在机器视觉领域的实力，也激励着国内学子认真学习、投身科研，为实现国家的人工智能战略发展目标贡献自己的聪明才智。

1. 像素

图像数字化是指用数字表示图像。每一幅数字图像都是由 M 行 N 列的像素组成的，如图 2-11 所示。其中每一个像素都代表着一个像素值。计算机通常会把像素值表示为 256 个灰度级别，这 256 个灰度级别分别用区间 [0，255] 中的数值表示。“0”表示纯黑色，“255”则表示纯白色。

```
[[154,  93,  53],
 [154,  93,  53],
 [152,  92,  56],
 ...,
 [255, 255, 255],
 [255, 255, 255],
 [255, 255, 255]],

[[151,  90,  50],
 [151,  89,  51],
 [150,  91,  52],
 ...,
```

图 2-11　像素数组

像素是构成数字图像的基本单位。放大图像后会发现，图像是由许多个小方块组成的，通常把一个小方块称作一个像素。因此，一个像素是具有一定面积的一个块，而不是一个点，如图 2-12 所示。需要注意的是，像素的形状是不固定的，大多数情况下，像素被认为是方形的，但有时也可能是圆形或者是其他形状的。

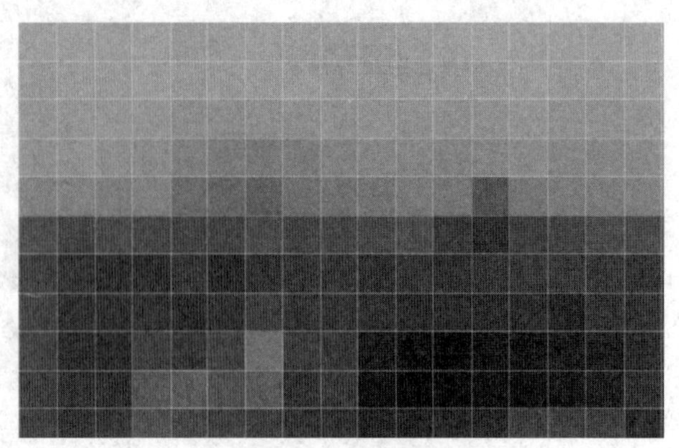

图 2-12 像素块

实际上像素是一个面积的概念，而因为一般电脑、数码相机等生产出来的图片的水平分辨率和垂直分辨率都相等，每个像素是个微小的正方形，可以使用 DPI（Dots Per Inch，每英寸点数）表示每英寸长度上的像素数目，即每英寸长度上的像素点数。

目前，每个像素的面积大小由生产工艺决定，生产工艺水平越高，每个像素的面积越小，每平方英寸屏幕上就能容纳更多的像素，DPI 值就越高，图像就越精细，像素小到人眼分辨不出的地步了，图像看起来就跟实际的几乎没有分别了。

2. 坐标系

图片是由许多像素组成的。因为每个像素都是按照水平方向和垂直方向建立的坐标系上的点，所以可以通过坐标“(x, y)”的点位置确定像素的位置，如图 2-13 所示。

图 2-13 像素坐标

需要注意的一点，如图 2-13 所示，图片大小为 550 像素 ×500 像素，坐标的起始位置都是 0 开始，横轴的坐标范围为 0~549，也就是横轴的像素个数为 550 个，同理纵轴的像素范围为 0 ~ 499，像素个数为 500 个。假如“img”代表着图 2-13 的图片的像素数组，那么想选取图片下标为 [123,123] 的像素，可以通过数组名 [下标] 进行选取，例如，“img[123,123]”。

3. 像素获取

红色、绿色和蓝色无法用其他颜色混合而成，因此把这 3 种颜色称作三基色。如果将这

3 种颜色以不同的比例进行混合，人眼就会感知到丰富多彩的颜色。

计算机利用色彩空间对颜色进行编码，也就是说色彩空间是计算机对颜色进行编码的模型。以较为常用的 RGB 色彩空间为例，在 RGB 色彩空间中，存在 3 个通道，即 R 通道、G 通道和 B 通道。其中，R 通道指的是红色（Red）通道，G 通道指的是绿色（Green）通道，B 通道指的是蓝色（Blue）通道，并且每个色彩通道都在区间 [0，255] 内进行取值。

在 OpenCV 中，可以使用“img[y，x]”方式获取图像指定位置的像素值，其中 y 表示像素的行坐标，x 表示像素的列坐标，坐标以 0 为起点。对于多通道图像，可以使用 img[y，x，c] 指定通道 c 的像素值。

例如，读取图 2-13 所示的图片，之后获取像素坐标为（300，100）的 RGB 值，最后将其展示出来，示例代码如下所示。

```
# 导入 OpenCV 库
import cv2
# 设置一个自定义路径
path = r'D:/1.png'
# 通过 cv2 调用 imread 函数并且传入 path 变量作为参数
image = cv2.imread(path,1)
# 打印彩色图像的（像素行数，像素列数，通道数）
print("shape =", image.shape)    # shape = (503, 539, 3)

# 获取坐标为 (300,100) 的像素
px = image[300,100]

# 坐标 (300,100) 上的像素的 BGR 值是 : [255 255 254]
print(" 坐标 (300,100) 上的像素的 BGR 值是 :",px)

# 分别获取坐标 (300,100) 上像素的 B 通道、G 通道和 R 通道的值
# 坐标 (300,100) 上的像素的 B 通道的值 ,0 代表 B 通道
blue = image[300,100,0]

# 坐标 (300,100) 上的像素的 G 通道的值 ,1 代表 G 通道
green = image[300,100,1]

# 坐标 (300,100) 上的像素的 R 通道的值，2 代表 R 通道
red = image[300,100,2]

# (B,G,R): (47, 253, 41)
print("(B,G,R):",(blue,green,red))
```

代码运行效果如图 2-14 所示。

```
shape = (503, 539, 3)
坐标(300,100)上的像素的BGR值是: [ 47 253  41]
(B,G,R): (47, 253, 41)
```

图 2-14　获取像素的 BGR 值

通过确定像素数组的下标，不仅可以获取像素的值，还可以修改像素的值。可以通过读取图像，获取像素的坐标，再通过坐标更改像素的 BGR 值，这样就完成了对像素颜色的更改。如果想对一块区域的像素值进行更改，可以与循环相配合来完成，示例代码如下所示。

```
# 导入 OpenCV 库
import cv2
# 设置一个自定义路径
path = r'D:/1.png'
# 通过 cv2 调用 imread 函数并且传入 path 变量作为参数
image = cv2.imread(path,1)

# 打印彩色图像的（像素行数，像素列数，通道数）
print("shape =", image.shape)   # shape = (714, 745, 3)
# 展示为修改前的图片样式
cv2.imshow("OpenCVDemo",image)
# 遍历需要修改的像素
for i in range(150, 200):
    # i 表示横坐标：像素行数
    for j in range(300, 367):
        # j 表示纵坐标：像素列数
        image[i, j] = [0, 0, 0]   # 把区域内的所有像素都修改为黑色
# 显示图 OpenCVDemo_Test.jpg（修改后的图像）
cv2.imshow("OpenCVDemo_Test.jpg", image)
# 等待用户按键时间
cv2.waitKey()
# 关闭所有的窗口时，销毁所有窗口
cv2.destroyAllwindows()
```

代码运行效果如图 2-15 所示。

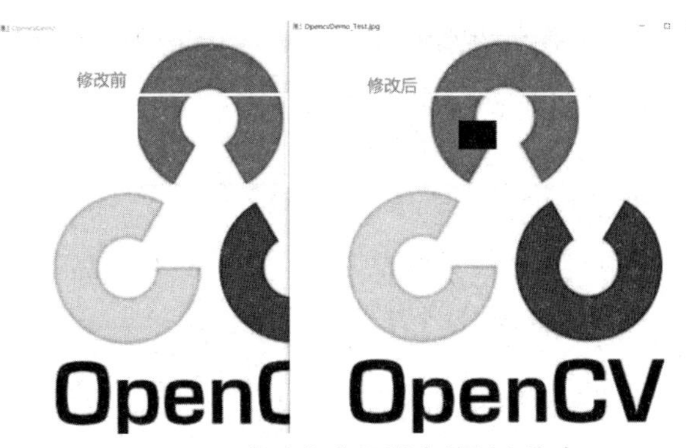

图 2-15　修改指定区域内的所有像素

通过使用 OpenCV 库中的函数对图 2-16 所示图片的部分像素进行修改，在图片的适当空白处添加蓝色、绿色和红色 3 种颜色。

图 2-16　任务实施素材图

第一步，导入 OpenCV 库，设置一个自定义路径，通过调用 OpenCV 库中的 imread() 函数，对图片进行读取，并展示原图片然后复制一份，示例代码如下所示。

```
i# 导入 OpenCV 库
import cv2
# 设置一个自定义路径
path = 'D:/4.jpg'
# 通过 cv2 调用 imread 函数并且传入 path 变量作为参数
img = cv2.imread(path,1)
# 复制图片
img_copy = img.copy()
# 展示图片
cv2.imshow("img",img)
# 暂停 cv2 模块 不然图片窗口一瞬间就会消失 观察不到
cv2.waitKey(0)
```

第二步，对一块像素区域进行修改。找到一块空白的地方，提取相对应的像素点，通过 for 循环嵌套遍历区域块中的像素点，之后通过 if 判断将区域块分为 3 个区域，并且把不同的区域修改成不同的颜色。示例代码如下所示。

```
# 遍历需要修改的像素
for i in range(300, 600):
    # i 表示横坐标：像素行数
    if(i<=400):
        for j in range(900, 1000):
            # j 表示纵坐标：像素列数
            img_copy[i, j] = [255, 0, 0]   # 把区域内的所有像素都修改为蓝色
    elif(i<=500 and i>=400 ):
        for j in range(900, 1000):
            # j 表示纵坐标：像素列数
            img_copy[i, j] = [0, 255, 0]   # 把区域内的所有像素都修改为绿色
    else:
        for j in range(900, 1000):
            # j 表示纵坐标：像素列数
            img_copy[i, j] = [0, 0, 255]   # 把区域内的所有像素都修改为红色
```

第三步，通过使用 OpenCV 库中的 imshow() 函数和 imwrite() 函数，对修改后的图片进行展示和保存。示例代码如下所示。

```
# 保存图片
cv2.imwrite("D:/img_copy.jpg",img_copy)
print(" 保存成功 ")
# 展示图片
cv2.imshow("img_copy",img_copy)
# 展示图片
cv2.imshow("img",img)
# 暂停 cv2 模块 不然图片窗口一瞬间就会消失 观察不到
cv2.waitKey(0)
```

代码运行效果如图 2-17 所示。

图 2-17　任务实施效果图

通过对本项目的学习，读者加深了对图片的读取、显示和复制的操作函数的理解与使用，掌握了图像的基本操作技术，为下一阶段的学习打下了坚实的基础。

image processing	图像处理
copy	复制
digital image processing	数字图像处理
show	展示
blue	蓝色
write	写
green	绿色
read	读
red	红色
image	图像

一、选择题

1. 以下函数列表中，(　　)的功能是读取图片。

A. imread() 函数　　B. imshow() 函数

C. copy() 函数　　D. imwrite() 函数

2. 以下函数列表中，(　　)的功能是展示图片。

A. imread() 函数　　B. imshow() 函数

C. copy() 函数　　D. imwrite() 函数

3. 以下函数列表中，(　　)的功能是复制图片。

A. imread() 函数　　B. imshow() 函数

C. copy() 函数　　D. imwrite() 函数

4. 以下函数列表中，(　　)的功能不是读取图片的属性。

A. dtype　　B. size

C. shape　　D. imwrite

二、简答题

1. 数字图像是什么？

2. 有哪些图像处理技术？

项目三　NumPy 库

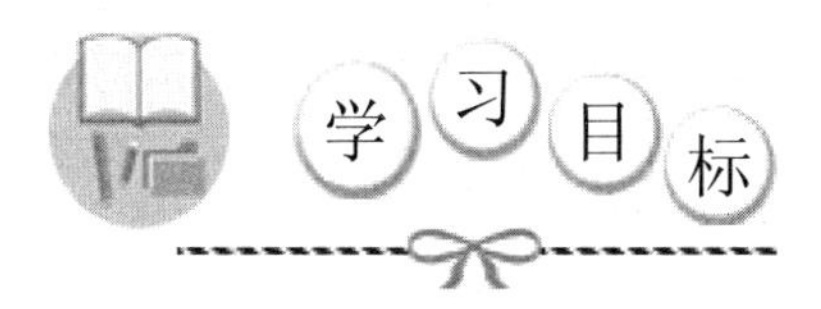

通过对 NumPy 库的探索和练习，读者可以了解 NumPy 库的相关概念，熟悉数组的类型以及数组的创建方法，掌握数组元素的增加、删除、修改以及查找等操作，掌握对各种类型数组进行修改的技能，在任务实施过程中：

- 了解 NumPy 库操作数组的原理；
- 熟悉不同类型数组的创建；
- 掌握数组元素的操作；
- 掌握修改数组的技能。

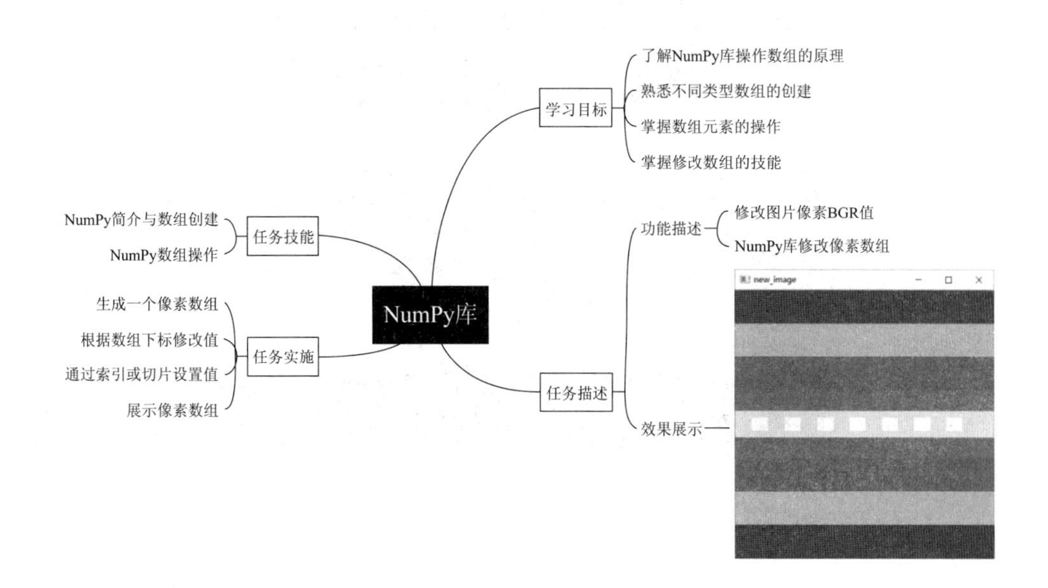

【情境导入】

随着时代的发展和变迁，人们对图像的处理变得越来越频繁。虽然从电脑中读取一张图片很简单，但要读取和修改图像数字化后庞大的像素数组中的某些像素无疑非常麻烦。但 NumPy 库提供的函数解决了这一难题。

【功能描述】

- 修改图片像素 BGR 值；
- NumPy 库修改像素数组。

【效果展示】

通过使用 Numpy 库对数组进行切边，选取数据修改，从而生成一张具有非常多的颜色的图片，并对图片进行展示。效果如图 3-1 所示。

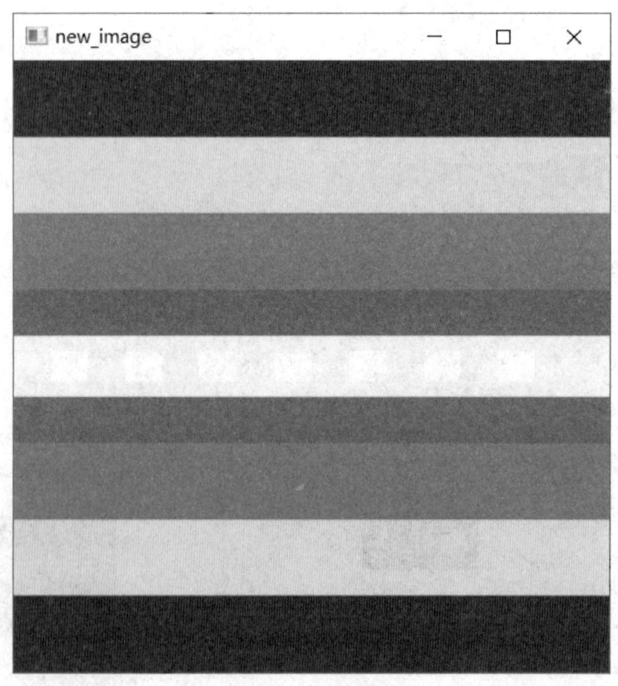

图 3-1　效果展示

注意：每张具有颜色的图片都是由 R(红色)、G(绿色)、B(蓝色) 三通道组成的。在本次任务实施过程中，设置不同颜色的值主要是对通道的各个值进行改变。在这里只需了解通道即可，后续章节会详细介绍。

课程思政：中国古人对色彩的认识

现在我们都知道，所有色彩都是由红、绿、蓝三原色构成的，而三原色是由牛顿在 18 世纪发现的，那么中国古人对色彩是如何认识的呢？西汉《淮南子·原道训》中明确记载“色之数不过五，而五色之变不可胜观也”，说明早在 2 000 多年前古人就已经认为色彩是由 5 种基本颜色构成的，通过五色可以混合出无穷无尽的丰富色彩。这种五色论来源于更早的五行理论，古人认为世界万物皆由水、火、木、金、土 5 种元素组成，进而总结归纳出五色论，即红、黄、青、白、黑，认为这五色是色彩的本原之色，是一切色彩的基本元素，是最纯的正色，其余皆为间色。五色论不仅仅是对物质世界的描述，更是中国古代哲学思想的体现，有着丰富的内涵，其可以对应天地、方位、季节、声音、味道等多种事物。由此可见，对于中国文化我们只有细心体会、多角度理解，才能感受其博大精深。

技能点 1　NumPy 简介与数组创建

NumPy（Numerical Python）是 Python 的一种开源的数值计算扩展。这种工具可用来存储和处理大型矩阵，比 Python 自身的嵌套列表（nested list structure）结构要高效得多（该结构也可以用来表示矩阵 matrix），支持大量的维度数组与矩阵运算，此外也针对数组运算提供大量的数学函数库。

1. NumPy 概述

Numpy 是 Numerical Python 的简称，特别针对数组进行操作（创建、计算等）。最早由 JimHugunin 与其他协作者共同开发，2005 年，Travis Oliphant 在 Numeric 中结合了另一个同性质的程序库 Numarray 的特色，并加入其他扩展功能而开发了 NumPy。NumPy 为开放源代码并且由许多协作者共同维护开发。

NumPy 提供了许多高级的数值编程工具（如矩阵数据类型、矢量处理）以及精密的运算库。它专为进行严格的数字处理而产生，多为很多大型金融公司以及核心的科学计算组织使用。

NumPy 通常与 SciPy（Scientific Python）和 Matplotlib（绘图库）一起使用，这种组合用于替代 MatLab，营造了一个强大的科学计算环境，有助于我们通过 Python 学习数据科学或者进行机器学习。同时 NumPy 中内置丰富的数据类型可用于数组创建，Numpy 支持的数据类型见表 3-1。

表 3-1 Numpy 支持的数据类型

名称	描述
bool_	布尔型数据类型（True 或者 False）
int_	默认的整数类型
intc	与 C 语言的 int 类型一样，一般是 int32 或 int 64
intp	用于索引的整数类型（类似于 C 语言的 ssize_t，一般情况下仍然是 int32 或 int64）
int8	字节，取值范围为 -128 ~127
int16	整数，取值范围为 -32 768~32 767
int32	整数，取值范围为 -2 147 483 648~2 147 483 647
int64	整数，取值范围为 -9 223 372 036 854 775 808~9 223 372 036 854 775 807
uint8	无符号整数，取值范围为 0 ~255
uint16	无符号整数，取值范围为 0 ~65 535
uint32	无符号整数，取值范围为 0 ~4 294 967 295
uint64	无符号整数（0~18 446 744 073 709 551 615）
float_	float64 类型的简写
float16	半精度浮点数，包括：1 个符号位，5 个指数位，10 个尾数位
float32	单精度浮点数，包括：1 个符号位，8 个指数位，23 个尾数位
float64	双精度浮点数，包括：1 个符号位，11 个指数位，52 个尾数位
complex_	complex128 类型的简写，即 128 位复数
complex64	复数，表示双 32 位浮点数（实数部分和虚数部分）
complex128	复数，表示双 64 位浮点数（实数部分和虚数部分）

2. 创建数组

Numpy 中提供了丰富的函数用于进行数组的创建操作，可以满足多种情况下数组的创建，Numpy 中常用的数组创建函数见表 3-2。

表 3-2 ndarray 数组创建函数表

函数	描述
array()	将输入数据（列表、元组、数组等）转换为 ndarray
empty()	用来创建一个指定形状的数组
zeros()	用来创建一个指定大小的数组
ones()	用来创建一个指定形状的数组，并且默认用 1 填充数组

1）array()

array() 函数主要用于数组的创建，通过向 array() 函数传入不同的参数，即可通过底层的 ndarray 构造器将当前输入的列表、元组、数组等数据转换为 ndarray 对象，使用 array() 函数创建数组的语法格式如下所示。

```
numpy.array(object, dtype = None, copy = True, order = None, subok = False, ndmin = 0)
```

参数说明见表 3-3。

表 3-3　array() 函数参数表

值	描述
object	输入的数据
dtype	指定数组元素的数据类型
copy	默认为 True，是否允许对象被复制
subok	默认情况下，返回的数组被强制为基类数组。如果为 True，则返回子类
ndimin	指定生成数组的最小维数
object	输入的数据

通过使用 array() 函数，创建一个一维数组和一个二维数组，示例代码如下所示。

```
# 多于一个维度
import numpy as np
# 一维数组
a = np.array([[2020,2035,2022]])
# 二维数组
b = np.array([[1,2,3],[4,5,6]])
print (" 一维数组：\n",a)
print (" 二维数组：\n",b)
```

代码运行效果如图 3-2 所示。

```
一维数组：
 [[2020 2035 2022]]
二维数组：
 [[1 2 3]
 [4 5 6]]
```

图 3-2　创建一维数组和二维数组

2）numpy.empty()

numpy.empty() 函数用来创建一个指定形状（shape）和数据类型（dtype）的数组，需要注意的是使用该函数创建的数据是未经过初始化的数组，数组内容为随机，语法格式如下所示。

```
numpy.empty(shape, dtype = float, order = 'C')
```

参数说明见表 3-4。

表 3-4 numpy.empty() 函数参数表

值	描述
shape	数组形状
dtype	数据类型，可选
order	{'C','F'}，可选，默认：'C'，是否在内容中以行（C）或列（F）顺序存储多维数据

使用 numpy.empty 函数来初始化一个 3 行 3 列、类型为 int 类型的数组，并将数组展示出来，示例代码如下所示。

```
# 导入 numpy 库
import numpy as np
# 创建一个 3 行 3 列、类型为 int 的多维数组
x = np.empty([3,3], dtype = int)
# 输出结果
print (x)
```

代码运行效果如图 3-3 所示。

```
[[      0       1       0]
 [5570652    1104       0]
 [    768     549 3670068]]
```

图 3-3 使用 numpy.empty() 函数创建多维数组

3）numpy.zeros()

numpy.zeros() 函数能够创建一个元素值为 0 的指定维度和数据类型的数组，默认状态下数组中的元素类型为浮点型，可通过 dtype 参数进行指定，语法格式如下所示。

```
numpy.zeros(shape, dtype = float, order = 'C')
```

参数说明见表 3-5。

表 3-5 numpy.zeros() 函数参数表

值	描述
shape	数组形状
dtype	数据类型，可选
order	{'C','F'}，可选，默认：'C'，是否在内容中以行（C）或列（F）顺序存储多维数据

使用 numpy.zeros() 函数创建两个数组，一个浮点型数组，一个整型数组，并对两个数组

进行展示，示例代码如下所示。

```
# 导入 numpy 库
import numpy as np
# 创建浮点型元素数组，创建数组
a = np.zeros(5)
print(" 浮点型数组：\n",a)
# 整型元素类型，创建数组
b = np.zeros((5,), dtype = int)
print(" 整型数组：\n",b)
```

代码运行效果如图 3-4 所示。

```
浮点型数组：
 [0. 0. 0. 0. 0.]
整型数组：
 [0 0 0 0 0]
```

图 3-4　numpy.zeros 创建数组

4）numpy.ones()

通过使用 ones() 函数来创建指定形状的数组，会以元素 1 为默认值对数组进行填充，语法格式如下所示。

```
numpy.ones(shape, dtype = None, order = 'C')
```

参数说明见表 3-6。

表 3-6　numpy.ones() 函数参数表

值	描述
shape	数组形状
dtype	数据类型，可选
order	{'C','F'}，可选，默认：'C'，是否在内容中以行（C）或列（F）顺序存储多维数据

通过使用 ones() 函数来创建一个浮点型数组，并对其数组进行展示，示例代码如下所示。

```
# 导入 numpy 库
import numpy as np
# 默认为浮点数
a = np.ones(5)
print(" 默认为浮点数：")
print(a)
```

代码运行效果如图 3-5 所示。

```
默认为浮点数：
[1. 1. 1. 1. 1.]
```

图 3-5 numpy.zeros 创建数组

技能点 2 NumPy 数组操作

众所周知，NumPy 模块对数组的“加工处理”是非常方便、快捷、高效的，NumPy 不仅仅可以创建数组，还可以对创建好的数组进行修改、删除等操作。

1. 修改数组形状

数组创建完成后，还可以对它进行数组翻转、数组修改、多个数组的连接等数组形状变化的操作，Numpy 中提供了多种用于实现数组变换的函数，见表 3-7。

表 3-7 修改数组形状函数表

函数	描述
reshape	不改变数据的情况下修改形状
flat	数组元素迭代器
flatten	返回一份数组拷贝，对拷贝所做的修改不会影响原始数组
ravel	返回展开数组
transpose	对换数组的维度
rollaxis	向后滚动指定的轴
swapaxes	对换数组的两个轴
concatenate	连接沿现有轴的数组序列
stack	沿着新的轴加入一系列数组
hstack	水平堆叠序列中的数组（列方向）
vstack	竖直堆叠序列中的数组（行方向）

1）numpy.reshape()

numpy.reshape() 函数可以在不改变数据的条件下修改形状，只需要将原有的数组传入并将新形状传入即可，语法格式如下所示。

```
numpy.reshape(arr, newshape, order='C')
```

参数说明见表 3-8。

表 3-8　numpy.reshape() 函数参数表

值	描述
arr	要修改形状的数组
newshape	整数或者整数数组，新的形状应当兼容原有形状
order	'C' —按行，'F' —按列，'A' —原顺序，'k' —元素在内存中的出现顺序

使用 numpy.reshape() 函数对创建的数组在不修改数据的情况下，改变原有的形状，并对初始化的数组和修改后的数组进行展示，示例代码如下所示。

```
# 导入 numpy 库
import numpy as np
# 创建一个数组
a = np.arange(12)
print (' 原始数组：')
print (a)
print ('\n')
# 使用 reshape 函数对数组进行修改
b = a.reshape(4,3)
print (' 修改后的数组：')
print (b)
```

代码运行效果如图 3-6 所示。

```
原始数组：
[ 0  1  2  3  4  5  6  7  8  9 10 11]


修改后的数组：
[[ 0  1  2]
 [ 3  4  5]
 [ 6  7  8]
 [ 9 10 11]]
```

图 3-6　numpy.reshape() 函数修改数组

2）numpy.ndarray.flat()

numpy.ndarray.flat() 是一个数组元素迭代器，使用 flat 函数将数组转换成一维数组，并返回转换后的一维数组迭代器，可以用 for 访问数组每一个元素，语法格式如下所示。

```
numpy.ndarray.flat()
```

使用 numpy.ndarray.flat() 函数对创建好的 3 行 4 列的数组进行转换，并且通过 for 循环将里面的元素遍历出来，示例代码如下所示。

```
# 导入 numpy 库
import numpy as np
# 创建一个 3 行 4 列的数组
a = np.arange(12).reshape(3,4)
print (' 原始数组：')
for row in a:
    print (row)
# 对数组中每个元素都进行处理，可以使用 flat 属性，该属性是一个数组元素迭代器：
print (' 迭代后的数组：')
for element in a.flat:
    print (element)
```

代码运行效果如图 3-7 所示。

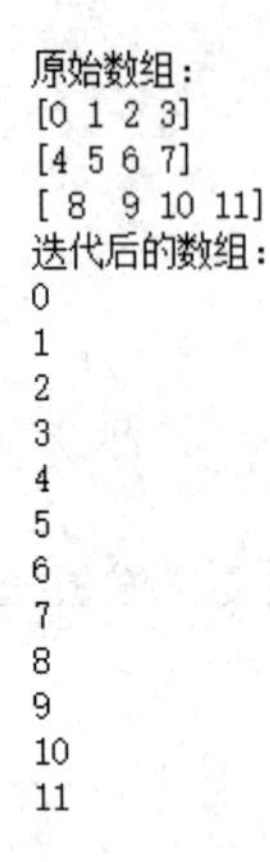

图 3-7　numpy.ndarray.flat() 函数迭代数组

3）numpy.ndarray.flatten()

numpy.ndarray.flatten() 函数返回一份数组拷贝，对拷贝所做的修改不会影响原始数组，语法格式如下所示。

```
ndarray.flatten(order='C')
```

参数说明见表 3-9。

表 3-9　numpy.ndarray.flatten() 函数参数表

值	描述
order	'C' —按行，'F' —按列，'A' —原顺序，'K' —元素在内存中的出现顺序

使用 numpy.ndarray.flatten() 函数对初始化的 2 行 4 列的数组进行拷贝修改，并对初始化的数组和拷贝修改后的数组进行展示，示例代码如下所示。

```
# 导入 numpy 库
import numpy as np
# 创建一个 2 行 4 列的数组
a = np.arange(8).reshape(2,4)
print (' 原数组：')
print (a)
print ('\n')
# 默认按行
print (' 按行进行展开：')
print (a.flatten())
print ('\n')
print (' 按列进行展开：')
print (a.flatten(order = 'F'))
```

代码运行效果如图 3-8 所示。

```
原数组：
[[0 1 2 3]
 [4 5 6 7]]


按行进行展开：
[0 1 2 3 4 5 6 7]


按列进行展开：
[0 4 1 5 2 6 3 7]
```

图 3-8　numpy.ndarray.flatten() 函数拷贝数组

4）numpy.ravel()

numpy.ravel() 函数用于将多维数组按照指定轴展开为一维数组，默认情况下按行进行展开，并返回的是数组视图，语法格式如下所示。

```
numpy.ravel(a, order='C')
```

参数说明见表 3-10。

表 3-10　numpy.ravel() 函数参数表

值	描述
a	需要修改的数组
order	'C' — 按行，'F' — 按列，'A' — 原顺序，'K' — 元素在内存中的出现顺序

使用 numpy.ravel() 函数对初始化的数组进行展开操作，以 C(按行) 和 F(按列) 为基础进行展开，并对初始化的数组和展开后的数组进行展示，示例代码如下所示。

```
# 导入 numpy 库
import numpy as np
# 创建一个 3 行 4 列的数组
a = np.arange(12).reshape(3,4)
print (' 原数组：')
print (a)
print ('\n')
print (' 按行调整数组：')
print (a.ravel())
print ('\n')
print (' 按列调整数组：')
print (a.ravel(order = 'F'))
```

代码运行效果如图 3-9 所示。

```
原数组：
[[ 0  1  2  3]
 [ 4  5  6  7]
 [ 8  9 10 11]]


按行调整数组
[ 0  1  2  3  4  5  6  7  8  9 10 11]


按列调整数组
[ 0  4  8  1  5  9  2  6 10  3  7 11]
```

图 3-9 numpy.ravel() 函数展开的数组

5）numpy.transpose()

numpy.transpose() 函数用于对换数组的维度，使用此函数可以将 a 行 b 列（a，b 代表行数和列数）的数组转换为 b 行 a 列的数组，语法格式如下所示。

```
numpy.transpose(arr, axes)
```

参数说明见表 3-11。

表 3-11 numpy.transpose() 函数参数表

值	描述
arr	要操作的数组
axes	整数列表，对应维度，通常所有维度都会对换

初始化一个 3 行 5 列的数组，并附上初始值 0~14，使用 numpy.transpose() 函数对数组进行维度的互换，最终对初始化的数组和互换维度后的数组进行展示，示例代码如下所示。

```
# 导入 numpy 库
import numpy as np
# 创建一个 3 行 5 列的数组
a = np.arange(15).reshape(3,5)
print (' 原数组：')
print (a )
print ('\n')
print (' 对换数组：')
print (np.transpose(a))
```

代码运行效果如图 3-10 所示。

```
原数组：
[[ 0  1  2  3  4]
 [ 5  6  7  8  9]
 [10 11 12 13 14]]


对换数组：
[[ 0  5 10]
 [ 1  6 11]
 [ 2  7 12]
 [ 3  8 13]
 [ 4  9 14]]
```

图 3-10　numpy.transpose() 函数对换数组

6）numpy.rollaxis()

numpy.rollaxis() 函数用于向后滚动特定的轴到一个特定位置，需要设置滚动的轴和滚动后的位置，语法格式如下所示。

```
numpy.rollaxis(arr, axis, start)
```

参数说明见表 3-12。

表 3-12　numpy.rollaxis() 函数参数表

值	描述
arr	要操作的数组
axis	要向后滚动的轴，其他轴的相对位置不会改变
start	默认为零，表示完整的滚动。会滚动到特定位置

初始一个三维数组，并赋值 0~7，使用 numpy.rollaxis 函数对三维数组进行向后滚动两个轴的操作，并对初始化的数组和操作后的数组进行展示，示例代码如下所示。

```
# 导入 numpy 库
import numpy as np
# 创建三维的 ndarray
```

```
a = np.arange(8).reshape(2,2,2)
print ('原数组:')
print (a)
# 将轴 2 滚动到轴 0（宽度到深度）
print ('调用 rollaxis 函数（将轴 2 滚动到轴 0）:')
b = np.rollaxis(a,2,0)
print (b)
```

代码运行效果如图 3-11 所示。

```
原数组:
[[[0 1]
  [2 3]]

 [[4 5]
  [6 7]]]
调用 rollaxis 函数（将轴 2 滚动到轴 0）:
[[[0 2]
  [4 6]]

 [[1 3]
  [5 7]]]
```

图 3-11 numpy.rollaxis 向后滚动特定的轴

7）numpy.swapaxes()

numpy.swapaxes() 函数用于交换数组的两个轴，只需要传入对应的数组两个轴的整数即可实现功能，语法格式如下所示。

```
numpy.swapaxes(arr, axis1, axis2)
```

参数说明见表 3-13。

表 3-13 numpy.swapaxes() 函数参数表

值	描述
arr	要操作的数组
axis1	对应第一个轴的整数
axis2	对应第二个轴的整数

初始化一个四维数组，使用 numpy.swapaxes() 函数对数组的两个轴进行交换，并对初始化的数组和交换后的数组进行展示，示例代码如下所示。

```
# 导入 numpy 库
import numpy as np
# 创建三维的 ndarray
a = np.arange(16).reshape(2,2,2,2)
```

```
print (' 原数组：')
print (a)
print ('\n')
# 现在交换轴 0（深度方向）到轴 2（宽度方向）
print (' 调用 swapaxes 函数后的数组：')
print (np.swapaxes(a, 2, 0))
```

代码运行效果如图 3-12 所示。

```
原数组：
[[[[ 0  1]
   [ 2  3]]

  [[ 4  5]
   [ 6  7]]]


 [[[ 8  9]
   [10 11]]

  [[12 13]
   [14 15]]]]


调用 swapaxes 函数后的数组：
[[[[ 0  1]
   [ 8  9]]

  [[ 4  5]
   [12 13]]]


 [[[ 2  3]
   [10 11]]

  [[ 6  7]
   [14 15]]]]
```

图 3-12 numpy.swapaxes() 函数交换数组的两个轴

8）numpy.concatenate()

numpy.concatenate() 函数用于从给定数组的形状中删除一维的条目，需要传入相同类型的数组和连接数组的轴，语法格式如下所示。

```
numpy.concatenate((a1, a2, ...), axis)
```

参数说明见表 3-14。

表 3-14 numpy.concatenate() 函数参数表

值	描述
a1,a2,…	相同类型的数组
axis	沿着它连接数组的轴，默认为 0

初始化两个多维数组，并为其赋初值，使用 numpy.concatenate() 函数对两个数组进行轴 0 和轴 1 的连接，并对初始化的数组和连接后的数组进行展示，示例代码如下所示。

```
# 导入 numpy 库
import numpy as np
# 创建数组
a = np.array([[1,2],[3,4],[5,6]])
print (' 第一个数组：')
print (a)
b = np.array([[7,8],[9,10],[11,12]])
print (' 第二个数组：')
print (b)
# 两个数组的维度相同
print (' 沿轴 0 连接两个数组：')
print (np.concatenate((a,b)))
print (' 沿轴 1 连接两个数组：')
print (np.concatenate((a,b),axis = 1))
```

代码运行效果如图 3-13 所示。

```
第一个数组：
[[1 2]
 [3 4]
 [5 6]]
第二个数组：
[[ 7  8]
 [ 9 10]
 [11 12]]
沿轴 0 连接两个数组：
[[ 1  2]
 [ 3  4]
 [ 5  6]
 [ 7  8]
 [ 9 10]
 [11 12]]
沿轴 1 连接两个数组：
[[ 1  2  7  8]
 [ 3  4  9 10]
 [ 5  6 11 12]]
```

图 3-13 numpy.concatenate() 函数连接相同形状的两个数组

9）numpy.stack()

numpy.stack() 函数用于将多个数组沿指定轴组合为新数组，需要传入相同形状的数组和数组中的堆叠轴，语法格式如下所示。

```
numpy.stack((a1, a2, ...), axis)
```

参数说明见表 3-15。

表 3-15 numpy.stack() 函数参数表

值	描述
a1, a2, ...	相同形状的数组序列
axis	返回数组中的轴，输入数组沿着它来堆叠

初始化两个多维数组，并为其赋初值，使用 numpy.stack() 函数对两个数组进行轴 0 和轴 1 的连接，并对初始化的数组和连接后的数组进行展示，示例代码如下所示。

```
# 导入 numpy 库
import numpy as np
# 创建数组
a = np.array([[1,2],[3,4]])
print (' 第一个数组：')
print (a)
b = np.array([[5,6],[7,8]])
print (' 第二个数组：')
print (b)
print (' 沿轴 0 堆叠两个数组：')
print (np.stack((a,b),0))
print (' 沿轴 1 堆叠两个数组：')
print (np.stack((a,b),1))
```

代码运行效果如图 3-14 所示。

```
第一个数组：
[[1 2]
 [3 4]]
第二个数组：
[[5 6]
 [7 8]]
沿轴 0 堆叠两个数组：
[[[1 2]
  [3 4]]

 [[5 6]
  [7 8]]]
沿轴 1 堆叠两个数组：
[[[1 2]
  [5 6]]

 [[3 4]
  [7 8]]]
```

图 3-14　numpy.stack() 函数沿新轴连接数组

10）numpy.hstack()

numpy.hstack() 函数用于在水平方向堆叠多个数组，语法格式如下所示。

```
numpy.hstack((a1, a2, ...))
```

参数说明见表 3-16。

表 3-16　numpy.hstack() 函数参数表

值	描述
a1, a2, ...	相同形状的数组序列

初始化两个多维数组，并为其赋初值，使用 numpy.hstack() 函数对两个数组进行水平堆叠，并对初始化的数组和水平堆叠后的数组进行展示，示例代码如下所示。

```
# 导入 numpy 库
import numpy as np
# 创建数组
print (' 第一个数组：')
a = np.array([[1,2],[3,4],[5,6]])
print (a)
print (' 第二个数组：')
b = np.array([[7,8],[9,10],[11,12]])
print (b)
print (' 水平堆叠：')
c = np.hstack((a,b))
print (c)
```

代码运行效果如图 3-15 所示。

```
第一个数组：
[[1 2]
 [3 4]
 [5 6]]
第二个数组：
[[ 7  8]
 [ 9 10]
 [11 12]]
水平堆叠：
[[ 1  2  7  8]
 [ 3  4  9 10]
 [ 5  6 11 12]]
```

图 3-15 numpy.hstack() 函数在水平方向堆叠生成数组

11）numpy.vstack()

numpy.vstack() 函数用于在竖直方向堆叠多个数组，语法格式如下所示。

```
numpy. vstack ((a1, a2, ...))
```

参数说明见表 3-17。

表 3-17 numpy. vstack() 函数参数表

值	描述
a1, a2, ...	相同形状的数组序列

初始化两个多维数组，并为其赋初值，使用 numpy.vstack() 函数对两个数组进行竖直堆叠，并对初始化的数组和竖直堆叠后的数组进行展示，示例代码如下所示。

```
# 导入 numpy 库
import numpy as np
# 创建数组
a = np.array([[1,2],[3,4]])
print (' 第一个数组:')
print (a)
b = np.array([[5,6],[7,8]])
print (' 第二个数组:')
print (b)
print (' 竖直堆叠:')
c = np.vstack((a,b))
print (c)
```

代码运行效果如图 3-16 所示。

```
第一个数组:
[[1  2]
 [3  4]]
第二个数组:
[[5  6]
 [7  8]]
竖直堆叠:
[[1  2]
 [3  4]
 [5  6]
 [7  8]]
```

图 3-16　numpy.vstack() 函数在竖直方向堆叠生成数组

2. 拆分数组

numpy 中提供的函数可以将数组分割为多个子数组、水平分割为多个子数组（按列）或竖直分割为多个子数组（按行）。分割数组函数见表 3-18。

表 3-18　分割数组函数表

函数	描述
split	将一个数组拆分为多个子数组
hsplit	将一个数组水平拆分为多个子数组（按列）
vsplit	将一个数组竖直拆分为多个子数组（按行）

1）numpy.split()

numpy.split() 函数用于沿特定的轴将数组拆分为指定数量的子数组，需要传入被分割的数组和沿轴切分的位置，纵向或者横向等参数，语法格式如下所示。

```
numpy.split(ary, indices_or_sections, axis)
```

参数说明见表 3-19。

表 3-19　numpy.split() 函数参数表

值	描述
ary	被分割的数组
indices_or_sections	如果是一个整数，就用该数平均切分，如果是一个数组，为沿轴切分的位置（左开右闭）
axis	设置沿着哪个方向进行切分，默认为 0，横向切分，即水平方向。为 1 时，纵向切分，即竖直方向

初始化多维数组，并为其赋初值，使用 numpy.split() 函数对数组进行分割，示例代码如下所示。

```
#　导入 numpy 模块
import numpy as np
# 定义数据
arr = [[1,2,3,4,5,6],[7,8,9,10,11,12],[13,14,15,16,17,18],[19,20,21,22,23,24]]
# 创建二维数组
data = np.array(arr)
print(' 原始数组：')
print (data)
print('split() 拆分数组：')
print (np.split(data,indices_or_sections=2))
```

代码运行效果如图 3-17 所示。

```
原始数组：
[[ 1  2  3  4  5  6]
 [ 7  8  9 10 11 12]
 [13 14 15 16 17 18]
 [19 20 21 22 23 24]]
split()拆分数组：
[array([[ 1,  2,  3,  4,  5,  6],
       [ 7,  8,  9, 10, 11, 12]]),
 array([[13, 14, 15, 16, 17, 18],
       [19, 20, 21, 22, 23, 24]])]
```

图 3-17　numpy.split() 函数分割数组

2）numpy.hsplit()

numpy.hsplit() 函数用于对一个数组进行水平分割，通过指定要返回的相同形状的数组数量来拆分原数组，语法格式如下所示。

```
numpy. hsplit (ary,nums)
```

参数说明见表 3-20。

表 3-20　numpy. hsplit() 函数参数表

值	描述
ary	被分割的数组
nums	分割数量

初始化一个多维数组，并为其赋初值，使用 numpy.hsplit() 函数对数组进行水平分割，并对初始化的数组和分割后的数组进行展示，示例代码如下所示。

```
#　导入 numpy 模块
import numpy as np
# 定义数据
arr = [[1,2,3,4,5,6],[7,8,9,10,11,12],[13,14,15,16,17,18],[19,20,21,22,23,24]]
# 创建二维数组
data = np.array(arr)
print(' 原始数组：')
print (data)
print('hsplit() 拆分数组：')
print(np.hsplit(data, 3))
```

代码运行效果如图 3-18 所示。

```
原始数组：
[[ 1  2  3  4  5  6]
 [ 7  8  9 10 11 12]
 [13 14 15 16 17 18]
 [19 20 21 22 23 24]]
hsplit()拆分数组：
[array([[1, 2, 3, 4, 5, 6]]), array([[ 7,  8,  9, 10, 11,
12]]), array([[13, 14, 15, 16, 17, 18]]), array([[19, 20,
21, 22, 23, 24]])]
```

图 3-18　numpy.hsplit() 函数水平分割数组

3）numpy.vsplit()

numpy.vsplit() 函数用于将一个数组进行竖直分割，其分割方式与 hsplit 用法相同，语法格式如下所示。

```
numpy. vsplit (ary,nums)
```

参数说明见表 3-21。

表 3-21　numpy. vsplit() 函数参数表

值	描述
ary	被分割的数组
nums	分割数量

初始化一个多维数组，并为其赋初值，使用 numpy.vsplit() 函数对数组进行竖直方向上的分割，并对初始化的数组和分割后的数组进行展示，示例代码如下所示。

```
#  导入 numpy 模块
import numpy as np
# 定义数据
arr = [[1,2,3,4,5,6],[7,8,9,10,11,12],[13,14,15,16,17,18],[19,20,21,22,23,24]]
# 创建二维数组
data = np.array(arr)
print(' 原始数组：')
print (data)
print('vsplit() 拆分数组：')
print(np.vsplit(data, 4))
```

代码运行效果如图 3-19 所示。

```
原始数组：
[[ 1  2  3  4  5  6]
 [ 7  8  9 10 11 12]
 [13 14 15 16 17 18]
 [19 20 21 22 23 24]]
vsplit()拆分数组：
[array([[ 1,  2],
       [ 7,  8],
       [13, 14],
       [19, 20]]),
 array([[ 3,  4],
       [ 9, 10],
       [15, 16],
       [21, 22]]),
 array([[ 5,  6],
       [11, 12],
       [17, 18],
       [23, 24]])]
```

图 3-19 numpy.vsplit() 函数竖直分割数组

3. 数组元素操作

numpy 中提供的函数可以用于对数组中的元素进行操作，如添加元素、查找元素和删除元素。数组元素操作函数见表 3-22。

表 3-22 数组元素操作函数表

函数	元素及描述
append	将值添加到数组末尾
insert	沿指定轴将值插入到指定下标之前
delete	删掉某个轴的子数组，并返回删除后的新数组
unique	查找数组内的唯一元素

1）numpy.append()

numpy.append() 函数可在当前数组的末尾添加新的数组元素。添加操作会将整个数组重新分配，并把原来的数组复制到新数组中。此外，输入数组的维度必须与原数组匹配，否则将生成 Value Error 异常。

append() 函数返回的始终是一个一维数组，语法格式如下所示。

```
numpy.append(arr, values, axis=None)
```

参数说明见表 3-23。

表 3-23　numpy.append() 函数参数表

值	描述
arr	要修改大小的数组
values	要向 arr 添加的值，需要和 arr 形状相同（除了要添加的轴）
axis	默认为 None。当 axis 无定义时，是横向加成，返回总是为一维数组！当 axis 为 0 时，数组是加在下边（列数要相同）。当 axis 为 1 时，数组是加在右边（行数要相同）

初始化一个二维数组，并为其赋初值，使用 numpy.append() 函数对数组进行默认的末尾其他值的添加，并且再次通过轴 0 进行添加，最终对原数组和添加值的数组进行展示，示例代码如下所示。

```
#   导入 numpy 模块
import numpy as np
# 定义数据
arr = [[1,2,3,4,5,6],[7,8,9,10,11,12],[13,14,15,16,17,18],[19,20,21,22,23,24]]
# 创建二维数组
data = np.array(arr)
print(' 原数组 ')
print (data)
print(' 添加行元素 ')
print (np.append(data,values=[[1,1,1,1,1,1]],axis=0))
```

代码运行效果如图 3-20 所示。

```
原数组
[[ 1  2  3  4  5  6]
 [ 7  8  9 10 11 12]
 [13 14 15 16 17 18]
 [19 20 21 22 23 24]]
添加行元素
[[ 1  2  3  4  5  6]
 [ 7  8  9 10 11 12]
 [13 14 15 16 17 18]
 [19 20 21 22 23 24]
 [ 1  1  1  1  1  1]]
```

图 3-20　numpy.append() 函数在数组的末尾添加值

2）numpy.insert()

numpy.insert() 函数能够将新的数组元素插入到当前数组的指定位置，函数会返回一个新数组。此外，如果未提供轴，则输入数组会被展开，语法格式如下所示。

```
numpy.insert(arr, obj, values, axis)
```

参数说明见表 3-24。

表 3-24 numpy.insert() 函数参数表

值	描述
arr	要修改大小的数组
obj	在其之前插入值的索引
values	要插入的值
axis	沿着它插入的轴，如果未提供，则输入数组会被展开

初始化一个二维数组，并为其赋初值，使用 numpy.insert() 函数对数组进行默认的其他值的添加，并且再次通过轴 1 进行添加，最终对原数组和添加值的数组进行展示，示例代码如下所示。

```
#  导入 numpy 模块
import numpy as np
# 定义数据
arr = [[1,2,3,4,5,6],[7,8,9,10,11,12],[13,14,15,16,17,18],[19,20,21,22,23,24]]
# 创建二维数组
data = np.array(arr)
print(' 原数组 ')
print (data)
print('insert() 插入列元素 ')
print (np.insert(data,obj=4,values=[[1]],axis=1))
```

代码运行效果如图 3-21 所示。

```
原数组
[[ 1  2  3  4  5  6]
 [ 7  8  9 10 11 12]
 [13 14 15 16 17 18]
 [19 20 21 22 23 24]]
insert()插入列元素
[[ 1  2  3  4  1  5  6]
 [ 7  8  9 10  1 11 12]
 [13 14 15 16  1 17 18]
 [19 20 21 22  1 23 24]]
```

图 3-21 numpy.insert() 函数给定轴在输入数组中插入值

3）numpy.delete()

numpy.delete() 函数用于返回从输入数组中删除指定子数组的新数组。与 insert() 函数的情况一样，如果未提供轴参数，则输入数组将展开，语法格式如下所示。

```
Numpy.delete(arr, obj, axis)
```

参数说明见表 3-25。

表 3-25　numpy.delete() 函数参数表

值	描述
arr	输入数组
obj	可以被切片，整数或者整数数组，表明要从输入数组删除的子数组
axis	沿着它删除给定子数组的轴，如果未提供，则输入数组会被展开

初始化一个二维数组，并为其赋初值，使用 numpy.delete() 函数对数组进行删除操作，最终对原数组和添加值的数组进行展示，示例代码如下所示。

```
#　导入 numpy 模块
import numpy as np
# 定义数据
arr = [[1,2,3,4,5,6],[7,8,9,10,11,12],[13,14,15,16,17,18],[19,20,21,22,23,24]]
# 创建二维数组
data = np.array(arr)
print(' 原数组 ')
print (data)
print('delete() 删除列元素 ')
print (np.delete(data,obj=2,axis=1))
```

代码运行效果如图 3-22 所示。

```
原数组
[[ 1  2  3  4  5  6]
 [ 7  8  9 10 11 12]
 [13 14 15 16 17 18]
 [19 20 21 22 23 24]]
delete()删除列元素
[[ 1  2  4  5  6]
 [ 7  8 10 11 12]
 [13 14 16 17 18]
 [19 20 22 23 24]]
```

图 3-22　numpy.delete() 函数删除元素

需注意，此处用到了切片技术，切片技术会在随后进行讲解。

4）numpy.unique()

numpy.unique() 函数用于去除数组中的重复元素并进行排序，语法格式如下所示。

```
numpy.unique(arr, return_index, return_inverse, return_counts)
```

参数说明见表 3-26。

表 3-26 numpy.unique 函数参数表

值	描述
arr	输入数组
return_index	如为 true，返回新列表元素在旧列表中的位置（下标），并以列表形式储存
return_inverse	如为 true，返回旧列表元素在新列表中的位置（下标），并以列表形式储存
return_counts	如为 true，返回去重数组中的元素在原数组中的出现次数

初始化一个一维数组，并为其赋初值，使用 numpy.unique 函数对数组进行去重操作，最终将第一个数组、去重后的数组以及重复数值的下标进行展示，示例代码如下所示。

```
# 导入 numpy 库
import numpy as np
# 创建数组
a = np.array([5,2,6,2,7,5,6,8,2,9])
print (' 第一个数组：')
print (a)
print (' 第一个数组的去重值：')
u = np.unique(a)
print (u)
```

代码运行效果如图 3-23 所示。

```
第一个数组：
[5 2 6 2 7 5 6 8 2 9]
第一个数组的去重值：
[2 5 6 7 8 9]
```

图 3-23 numpy.unique() 函数删除元素

4. 数组的索引和切片

ndarray 对象的内容可以通过索引或切片来访问和修改，与 Python 中 list 的切片操作一样。ndarray 数组可以基于 0~n 的下标进行索引，切片可以通过内置的 slice() 函数和设置 start，stop 及 step 参数进行，从原数组中切割出一个新数组，语法格式如下所示。

```
slice(start, stop[, step])
```

参数说明见表 3-27。

表 3-27 slice() 函数参数表

值	描述
start	起始位置
stop	结束位置
step	间距

注：slice() 函数所返回的值为一个切片对象。

生成一个 0~9 的数组，使用 slice() 函数对数组中的 2，4，6 这 3 个值进行提取，并对原数组和提取出的值进行展示，示例代码如下所示。

```
import numpy as np
# 生成 0~9 的数组
a = np.array([5,2,6,2,7,5,6,8,2,9])
print(" 原数组：",a)
# 从索引 2 开始到索引 7 停止，间隔为 2
s = slice(2,7,2)
print (" 提取后：",a[s])
```

代码运行效果如图 3-24 所示。

```
原数组： [5 2 6 2 7 5 6 8 2 9]
提取后： [6 7 6]
```

图 3-24　提取数组元素

上例中，首先通过 arange() 函数创建 ndarray 对象，然后分别设置起始、终止和步长的参数分别为 2，7，2。

同样也可以用冒号分隔切片参数 ndarray[start：stop：step]（a[2：7：2]）来进行切片操作，实现的效果是相同的。

冒号"："的意思是如果只放置一个参数，如 [2]，将返回与该索引相对应的单个元素。如果为 [2：]，表示从该索引开始以后的所有项都将被提取。如果使用了两个参数，如 [2：7]，那么提取两个索引 (不包括停止索引) 之间的项。多维数组同样适用上述索引提取方法，示例代码如下所示。

```
import numpy as np
a = np.array([5,2,6,2,7,5,6,8,2,9])
print(a)
# 从某个索引处开始切割
print(' 从数组索引 a[1:] 处开始切割 ')
print(a[1:])
```

代码运行效果如图 3-25 所示。

```
[5 2 6 2 7 5 6 8 2 9]
从数组索引 a[1:] 处开始切割
[2 6 2 7 5 6 8 2 9]
```

图 3-25　多维数组提取

切片还可以包括省略号"…"，来使选择元组的长度与数组的维度相同。如果在行位置使用省略号，它将返回包含行中元素的 ndarray，示例代码如下所示。

```
import numpy as np
a = np.array([[1,2,3],[3,4,5],[4,5,6]])
print(' 原始数组 ')
print(a)
print(' 第 2 列元素 ')
print (a[...,1])
print(' 第 2 行元素 ')
print (a[1,...])
print(' 第 2 列及剩下的所有元素 ')
print (a[...,1:])
```

代码运行效果如图 3-26 所示。

```
原始数组
[[1 2 3]
 [3 4 5]
 [4 5 6]]
第2列元素
[2 4 5]
第2行元素
[3 4 5]
第2列及剩下的所有元素
[[2 3]
 [4 5]
 [5 6]]
```

图 3-26 省略号切片

对 numpy 库有一定了解后，可以通过 numpy 库生成一个像素数组，使用数组的下标或者切片，对不同的像素点设置不同的数据也就是颜色值，通过各个颜色值共同组成具有不同颜色的图像，最后将图像展示出来。

第一步，导入所需要用到的库，定义一个数组名为 img，将所有像素点的值设置为 0，并设置蓝色通道的值，示例代码如下所示。

```
# 导入所需要用到的库
import cv2 as cv
import numpy as np
# 将所有像素点的各通道数值赋 0
img = np.zeros([400, 400, 3], np.uint8)
#0 通道代表 B 也就是蓝色通道
img[:, :, 0] = np.ones([400, 400]) * 255
```

```
# 展示图像
cv.imshow("new_image",img)
# 一定要加 cv.waitKey(0), 要不然会报错
cv.waitKey(0)
# 按下任意键退出
cv.destroyAllWindows()
```

代码运行效果如图 3-27 所示。

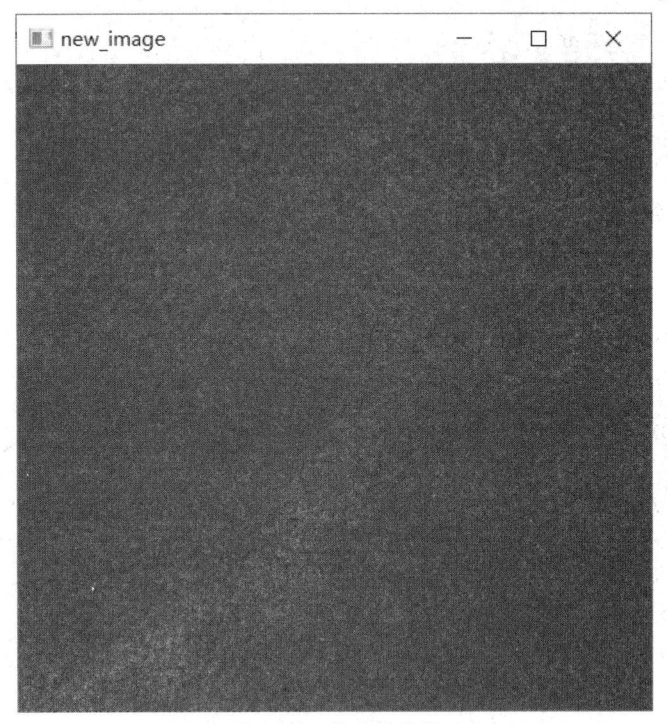

图 3-27　纯蓝色背景

从图 3-27 可以看到，设置了蓝色通道的值为 255，则代表着填充蓝色，从而生成的图片颜色为蓝色。

第二步，通过 numpy 库对数组的切片方法，对数组 50~350、100~300、150~250、180~220 下标中的像素点的值进行修改，示例代码如下所示。

```
# 导入所需要用到的库
import cv2 as cv
import numpy as np
# 将所有像素点的各通道数值赋 0
img = np.zeros([400, 400, 3], np.uint8)
#0 通道代表 B
img[:, :, 0] = np.ones([400, 400]) * 255
```

```
# 使用切片设置 50~350 的颜色
img[50:350]= [255,255,0]
# 使用切片设置 100~300 的颜色
img[100:300]= [255,0,255]
# 使用切片设置 150~250 的颜色
img[150:250]= [0,0,255]
# 使用切片设置 180~220 的颜色
img[180:220]= [0,255,255]# 展示图像
cv.imshow("new_image",img)
# 一定要加 cv.waitKey(0), 要不然会报错
cv.waitKey(0)
# 按下任意键退出
cv.destroyAllWindows()
```

代码运行效果如图 3-28 所示。

图 3-28 添加不同颜色

从图 3-28 可以发现，各通道的颜色值不同，组成的颜色也不同。并且，通过对数组的原始值的修改，将原本蓝色的数据修改成了其他颜色的数据，从而展示出一张具有不同的颜色图片。

第三步，在中间黄色的区域，添加几个白色的实心方块。通过遍历特定区域的像素，对

其像素值进行修改。示例代码如下所示。

```
# 导入所需要用到的库
import cv2 as cv
import numpy as np
# 将所有像素点的各通道数值赋 0
img = np.zeros([400, 400, 3], np.uint8)
#0 通道代表 B
img[:, :, 0] = np.ones([400, 400]) * 255
# 使用切片设置 50~350 的颜色
img[50:350]= [255,255,0]
# 使用切片设置 100~300 的颜色
img[100:300]= [255,0,255]
# 使用切片设置 150~250 的颜色
img[150:250]= [0,0,255]
# 使用切片设置 180~220 的颜色
img[180:220]= [0,255,255]
# 使用循环嵌套实现多个白色方块生成
# 循环遍历 190~210 的纵坐标
for i in range(190,210):
# 设置横坐标的起始位置
j =25
# 通过循环遍历到 351 的横坐标
while(j<351):
# 判断如果横坐标的数值对 50 取余等于 0
# 那么就跳过 25 像素
if(j % 50 ==0):
j+=25
# 修改符合的像素值的颜色
else:
img[i,j]=[255,255,255]
j+=1;
# 展示图像
cv.imshow("new_image",img)
# 一定要加 cv.waitKey(0), 要不然会报错
cv.waitKey(0)
# 按下任意键退出
cv.destroyAllWindows()
```

代码运行效果如图 3-29 所示。

图 3-29　最终效果图

通过对本项目的学习，读者加深了对数组的创建、数组的修改、数组的索引和切片等操作的理解，掌握了基本的图像像素数组的操作技术，为下一阶段的学习打下了坚实的基础。

shape	形状
resize	调整
type	类型

delete	删除
start	开始
insert	插入
stop	停止
append	添加
step	步骤
value	值

一、选择题

1.（　　）可以对数组在不改变数据的条件下修改形状。

A. reshape() 函数　　B. ravel() 函数

C. transpose() 函数　　D. rollaxis() 函数

2.（　　）可以对数组在不改变数据的条件下展开数组。

A. reshape() 函数　　B. ravel() 函数

C. transpose() 函数　　D. rollaxis() 函数

3.（　　）可以对数组在不改变数据的条件下对换数组的维度。

A. reshape() 函数　　B. ravel() 函数

C. transpose() 函数　　D. rollaxis() 函数

4.（　　）可以对数组在不改变数据的条件下向后滚动指定的轴。

A. reshape() 函数　　B. ravel() 函数

C. transpose() 函数　　D. rollaxis() 函数

二、简答题

1. 简述创建数组的过程。

2. 简述常用的数组元素操作方法。

项目四　图像处理高级操作

通过对通道、直方图、图像绘制的探索，了解色彩空间。熟悉图像通道的拆分及合并、alpha 通道的使用、生成可视化图表等操作，掌握对图像的线段绘制、矩形绘制、圆形绘制、椭圆形绘制、多边形绘制以及文字绘制。在任务实施过程中：

- 了解什么是色彩空间、直方图；
- 熟悉图像通道、直方图以及图像绘制的常用操作函数；
- 掌握通道操作、直方图可视化操作；
- 掌握绘制几何图形的技能。

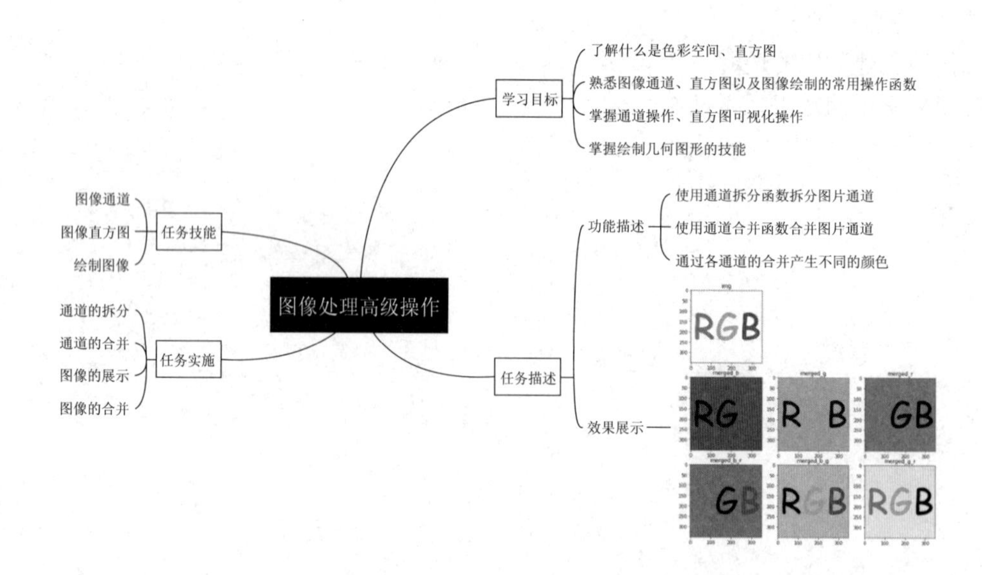

【情境导入】

多年前，照相机拍出的照片颜色是灰白色，随着科技的发展、时代的进步，现代照相机拍出的照片颜色已无限丰富。本项目通过对 OpenCV 库图像通道操作知识的学习，最终实现对图像通道拆分、合并以及直方图等操作的掌握。

【功能描述】

- 使用通道拆分函数拆分图片通道；
- 使用通道合并函数合并图片通道；
- 通过各通道的合并产生不同的颜色。

【效果展示】

通过对本项目的学习，读者能够掌握图像通道的相关知识，实现各通道间的合并操作。效果如图 4-1 所示。

课程思政：中国相机制造业如何？

说到相机，我们耳熟能详的基本上是尼康、索尼、佳能等日本品牌，长期以来，人们一直以为日本是相机制造强国，但事实真的如此吗？在当前数码相机的制造领域，中国厂商在相机镜头领域不断发力。拥有广泛市场份额的佳能品牌的大部分镜头组件就来自中国，华为、小米、OPPO 等在智能手机相机领域也在奋力追赶，并取得了不俗的成绩。事实证明，在广角、大口径、高档定焦等类型的镜头上，中国相机镜头已经具备了超越日本相机镜头的优势条件。相信未来，凭借天然的技术优势和吸收外部先进技术的能力，中国相机企业会不断巩固自己的实力和地位，打造出更具实力的“中国制造”相机品牌。对于中国制造，我们需要民族自信，但也需要认识到自身的不足。立足当下、努力奋斗，是我们的最佳做法，国家兴亡、匹夫有责，是我们应该具有的崇高社会责任感。

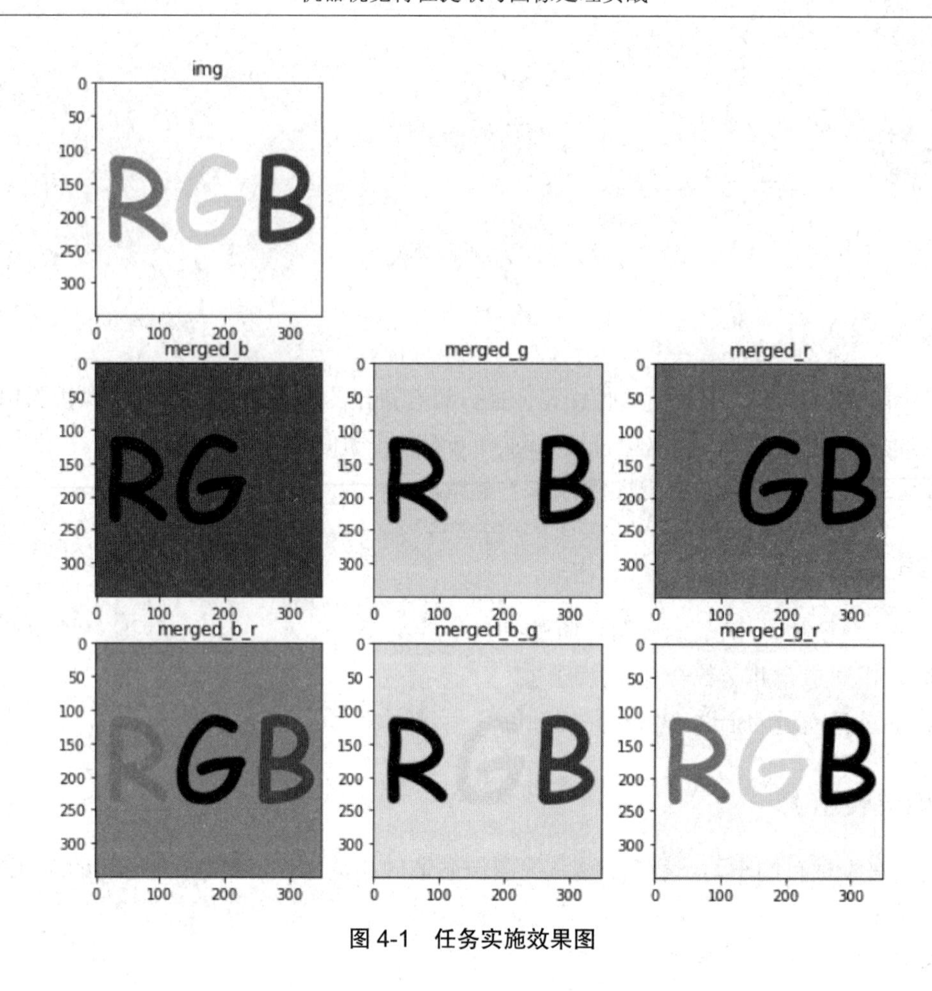

图 4-1　任务实施效果图

技能点 1　图像通道

图像通道是颜色的分量，一张电子图片，是将各个通道的值储存在图片数据中，计算机通过计算，就可以定量而准确地还原出颜色。在 RGB 色彩模式下就是指单独的红色、绿色、蓝色部分。也就是说，一幅完整的图像，是由红色、绿色、蓝色 3 个通道组成的。它们共同作用产生了完整的图像。基本上，一个像素点如果是灰度的，那么只需要一个数值来描述，就是单通道；如果是彩色的，那么就需要三个数值来描述，就是三通道。

在本项目中，主要通过学习图像通道的基础知识了解并掌握通道的拆分以及通道的合并操作。

1. 拆分通道

拆分通道可以用于彩色图像的处理，图像对象可以是普通的 3 通道 BGR 彩色图像，分离后为 B、G、R 3 个通道。如果是带 alpha 通道的 4 通道图像，分离后分别为 B、G、R、A 4 个通道。如果图像是其他色彩空间的图像，如 HSV 图像，分离后的 3 个通道则分别为 H、S、V。

使用 OpenCV 库中的 cv2.split() 函数对图片的 RGB 通道进行拆分，语法格式如下所示。

```
cv2.split(img);
```

参数说明见表 4-1。

表 4-1　split() 函数参数表

值	描述
img	要进行分离的图像矩阵

将图片 4-2 拆分出 R、G、B 3 个通道，示例代码如下所示。

```
# 导入 OpenCV 库
import cv2
#opencv 读取图像文件
img = cv2.imread('D:/img/1.png')
# 顺序是 b,g,r
b, g ,r =cv2.split(img)
# 图像的展示
cv2.imshow('image',img)
# 蓝色通道
cv2.imshow("Blue 1", b)
# 绿色通道
cv2.imshow("Green 1", g)
# 红色通道
cv2.imshow("Red 1", r)
# 一定要加 cv2.waitKey(0), 要不然会报错
cv2.waitKey(0)
```

代码运行效果如图 4-3~4-5 所示。

图 4-2 原始图片

图 4-3 拆分蓝色通道

图 4-4 拆分绿色通道

图 4-5 拆分红色通道

将 RGB 图像的 3 个通道分离后，通道颜色并不是红色、绿色、蓝色，而是灰色图片，由此得出，分离出来的 RGB 单通道图像是灰度图。

RGB 图像三通道拆分的过程实际上是先拆分出来，再形成 R、G、B 的单通道的图像，而单通道图像就是灰度图。

2. 合并通道

合并通道可以将多个灰度图像合并为一个通道的图像，可以理解为拆分通道的逆向操作，它可产生很多色彩组合。使用 cv2.merge() 函数将单通道灰色图像合并，显示出蓝色、绿色、红色 3 种颜色，语法格式如下所示。

```
cv2.merge([b,g,r,a])
```

参数说明见表 4-2。

表 4-2　merge () 函数参数表

值	描述
[b,g,r,a]	四通道值 (b 蓝色通道、g 绿色通道 , r 红色通道 ,a 透明度通道)

在代码 CORE040x 中，将图片拆分成 B、G、R 3 个单通道，通过使用合并函数，对单通道进行色彩展示，示例代码如下所示。

```
# 导入 OpenCV 库
# 导入 numpy 库
import cv2
import numpy as np
# 读取图片
img = cv2.imread('D:/img/1.png')
# 顺序是 b,g,r，不是 r,g,b
b, g ,r =cv2.split(img)
# 返回来一个数组
zeros = np.zeros(img.shape[:2], dtype = "uint8")
# 蓝通道分量为零可以理解为零矩阵
merged_b = cv2.merge([b,zeros,zeros])
# 绿通道分量为零可以理解为零矩阵
merged_g = cv2.merge([zeros,g,zeros])
# 红通道分量为零可以理解为零矩阵
merged_r = cv2.merge([zeros,zeros,r])
# 展示图片
# 蓝色单通道灰色图像
cv2.imshow("Bule 1", b)
# 合并后蓝色图像
cv2.imshow("merged_b",merged_b)
# 绿色单通道灰色图像
cv2.imshow("Green 1", g)
# 合并后绿色图像
cv2.imshow("merged_g",merged_g)
# 红色单通道灰色图像
cv2.imshow("Red 1", r)
# 合并后红色图像
cv2.imshow("merged_r",merged_r)
# 一定要加 cv2.waitKey(0), 要不然会报错
cv2.waitKey(0)
```

代码运行效果如图 4-6~4-11 所示。

图 4-6　蓝色单通道灰度图像

图 4-7　蓝色单通道

图 4-8　绿色单通道灰度图像

图 4-9　绿色单通道

图 4-10　红色单通道灰度图像

图 4-11　红色单通道

需要注意的是，只含有 R、G、B 3 个彩色通道的图像被称为 RGB 图像。而 Alpha 通道并不属于彩色通道，它是用来存储图像的透明 / 半透明信息的，如图 4-12 所示，这种包含有 alpha 通道的图像通常被称为 RGB/A 图像。

图 4-12　添加透明度的图片

另外，alpha 通道只是最终的效果表现为透明度，alpha 通道从本质上讲是存储了一个取值 0 到 1 的数字，0 代表完全透明，1 代表完全不透明，中间值就是半透明，通过该值的变化来存储图像的透明度信息，所以 alpha 通道最终表现为透明度。

可以在 RGB 色彩空间 3 个通道的基础上，再加一个 A 通道，即 alpha 通道，用来表示透明度。通过 A 通道来控制图片透明度的设置，示例代码如下所示。

```
# 导入 OpenCV 库
# 导入 numpy 库
import cv2
import numpy as np
# 读取图片
img = cv2.imread("D:/img/1.png")
# 分割图片为三个通道
b_channel, g_channel, r_channel = cv2.split(img)\
# 创建一个 A 通道
alpha_channel = np.ones(b_channel.shape, dtype=b_channel.dtype) * 255
# 最小值为 100
alpha_channel[:, :int(b_channel.shape[0] / 2)] =100
# 合并四个通道
img_BGRA = cv2.merge((b_channel, g_channel, r_channel, alpha_channel))
```

```
# 保存透明度为 100 的图片
cv2.imwrite("100.png", img_BGRA)
# 最小值为 0
alpha_channel[:, :int(b_channel.shape[0] / 2)] =0
# 合并四个通道
img_BGRA = cv2.merge((b_channel, g_channel, r_channel, alpha_channel))
# 保存透明度为 0 的图片
cv2.imwrite("0.png", img_BGRA)
```

alpha 通道的赋值范围是 [0,1], 或者 [0,255], 表示从透明到不透明，通过合并透明度通道产生的透明效果如图 4-13~4-14 所示。

图 4-13 透明度 100

图 4-14 透明度 0

技能点 2 图像直方图

在统计学中，直方图是一种对数据分布情况的图形表示，是一种二维统计图表，如图 4-15 所示。

直方图能够对数据进行统计，并将统计值显示到事先设定好的 bin（矩形条）中，bin 中的数值是数据的特征统计量。总之，直方图就是数据分布的统计图，通常直方图的维数要低于原始数据。

图像直方图是用以表示数字图像中亮度分布的直方图，标绘了图像中每个亮度值的像素数，如图 4-16 所示。可以借助观察该直方图了解直方图需要如何调整亮度分布。在这种直方图中，横坐标表示明暗度，左侧较暗（纯黑区域），右侧较亮（纯白区域）。所以一张较暗图片的图像直方图数据主要集中在左侧和中间部分，一张较明亮的图片数据则主要集中在右侧和中间部分。在计算机视觉邻域中常借助图像直方图来实现图像的二值化。

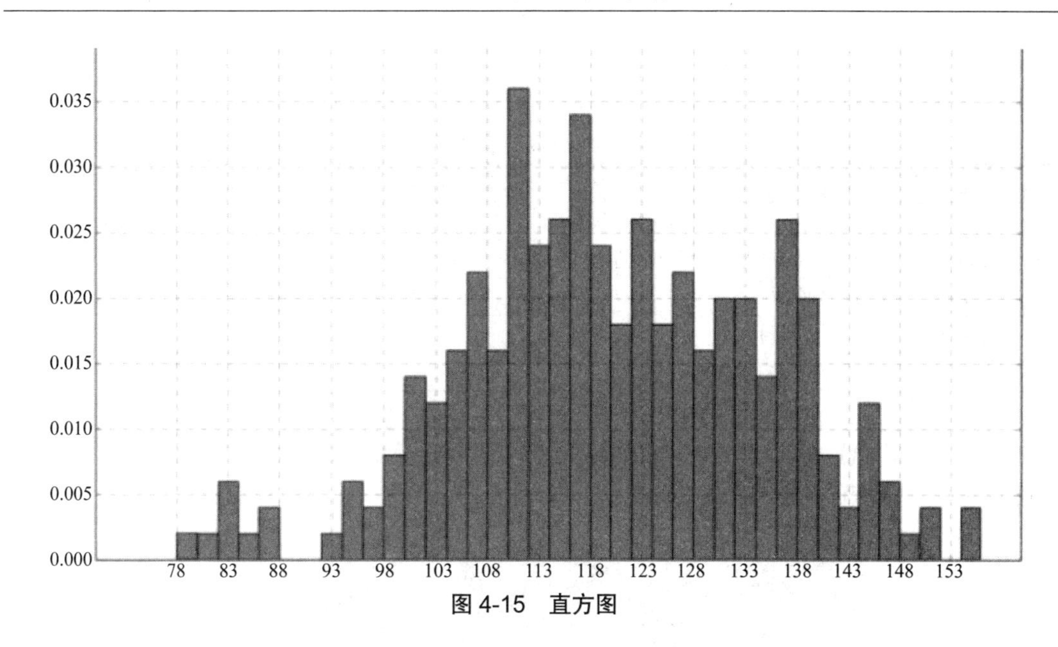

图 4-15　直方图

图像直方图通过标记帧和帧之间显著的边缘和颜色的统计变化，来检测视频中场景的变换。通过在每个兴趣点设置一个有相近特征的直方图所构成的标签，以确定图像中的兴趣点。边缘、色彩、角度等图像直方图构成了可以被传递给目标识别分类器的一个通用特征类型。色彩和边缘的直方图还可以用来识别网络视频是否被复制等。图像直方图是计算机视觉中最经典的工具之一，也是一个很好的图像特征表示手段。

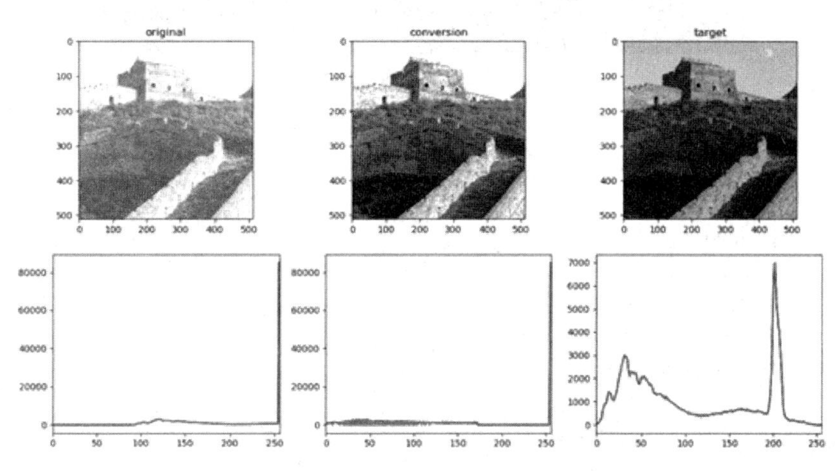

图 4-16　标绘图像中亮度值的像素数

1. 图像直方图的统计操作

在了解图像直方图之后，可以通过使用 OpenCV 中的 calcHist() 函数来对其进行统计。calcHist() 函数可以统计图像的像素特征分布，修改图像显示，修改图像内容，通过比较不同图片的直方图可以识别和跟踪具有特殊纹理的物体和图像。最后通过 matplotlib 库生成图像直方图。语法格式如下所示。

```
calcHist(images, channels, mask, histSize, ranges, hist=None, accumulate=None)
```

参数说明见表 4-3。

表 4-3　calcHist() 函数参数表

值	描述
images	uint8 或 float32 类型的源图像
channels	计算直方图的通道的索引
mask	图像掩码
histSize	bin 的数目，用中括号括起来
ranges	像素范围 [0,256]

使用 calcHist() 函数对图 4-17 的 B、G、R 3 个通道进行统计，根据统计的结果使用 matplotlib 库生成直方图，并显示出结果，示例代码如下所示。

图 4-17　统计像素素材

```
import cv2
from matplotlib import pyplot as plt
plt.style.use("fivethirtyeight")
plt.figure(figsize=(10, 4))
# 读取图片
img = cv2.imread("D:/img/2.jpg")
# 颜色通道
color = ["b", "g", "r"]
# 获取直方图
for i, c in enumerate(color):
    hist = cv2.calcHist([img], [i], None, [256], [0, 256])
    plt.plot(hist, color=c)
# 直方图展示
plt.legend(["B Channel", "G Channel", "R Channel"])
plt.title("RGB hist of image")
```

```
plt.show()
cv2.waitKey(0)
cv2.destroyAllWindows()
```

代码运行效果如图 4-18 所示。

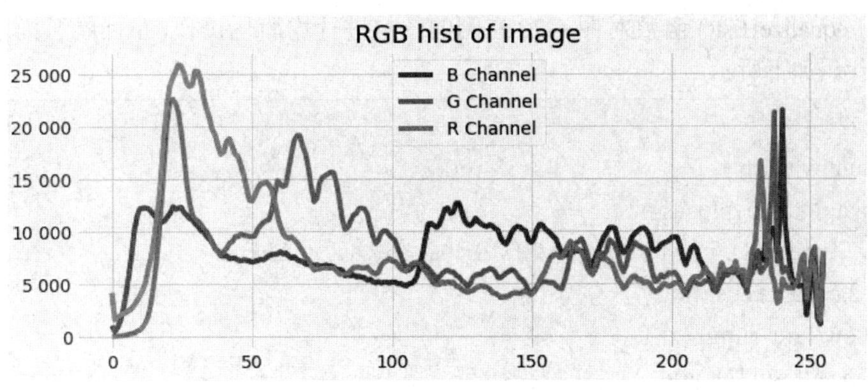

图 4-18　统计 RGB 像素直方图

2. 图像直方图均衡化操作

图像直方图均衡化通常用来增加图像的全局对比度，如图 4-19 所示，尤其是当图像数据的对比度相当接近时更需要均衡化处理。通过这种方法，亮度可以更好地在直方图上分布。这样就可以增强局部的对比度而不影响整体的对比度，图像直方图均衡化就是通过有效地扩展常用的亮度来实现这种功能。

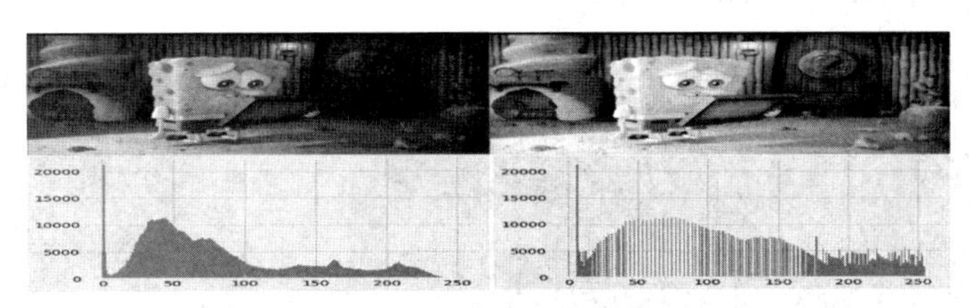

图 4-19　直方图均衡化

图像直方图均衡化就是把一个已知灰度概率密度分布的图像经过一种变换，使之演变为一幅具有均匀灰度概率密度分布的新图像。

简单来说就是，过暗或过亮的图像经过图像直方图均衡化，图像会变得清晰（图 4-19）。在 OpenCV 库中，图像直方图均衡化可使用 equalizeHist() 函数来实现，语法格式如下所示。

```
dst=cv2.equalizeHist(dst,src)
```

参数说明见表 4-4。

表 4-4　equalizeHist () 函数参数表

值	描述
dst	处理结果
src	原始图像

使用 equalizeHist() 函数对图 4-20 左侧的图像进行均衡化操作，并且展示直方图的变化，示例代码如下所示。

```
import cv2
import numpy as np
import matplotlib.pyplot as plt
img = cv2.imread('D:/img/test.jpg', cv2.IMREAD_GRAYSCALE)
equ = cv2.equalizeHist(img)
cv2.imshow("src", img)
cv2.imshow("result", equ)
plt.hist(img.ravel(), 256)
plt.figure()
plt.hist(equ.ravel(), 256)
plt.show()
cv2.waitKey(0)
cv2.destroyAllWindows()
```

代码运行效果如图 4-20 右侧的图像所示。

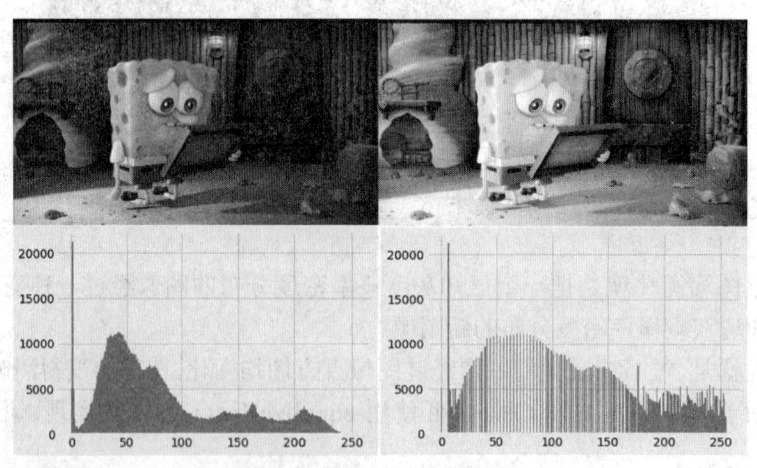

图 4-20　图像进行均衡化操作

通过观察图 4-20 可以发现，直方图在均衡化后，概率相近的原始值会被处理为相同的值。通过直方图均衡化的操作获取现有图形的灰度图像值，然后划分灰度等级 fi，计算每个像素对应灰度等级出现的次数，绘制变化前的直方图，对直方图进行归一化处理，计算各个灰度等级出现的频率 $p=ni/n$，计算累计分布函数 $c=fi*p$，四舍五入取整，获取新的分布的灰

度等级 *gi*，用映射关系修改原始灰度等级 *fi=gi*，从而获得输出图像。

技能点 3　绘制图像

在处理一些图片时，需要对图片进行一些标记，比如线段标记、圆形标记以及文字标记等。OpenCV 库的函数可以对图片进行线段的绘制、矩形的绘制、圆形的绘制、椭圆形的绘制、多边形的绘制以及文字绘制等操作。

1. 线段的绘制

当需要对图片中某些数据进行标注时，可以在数据的下方画上一条线段，这会让数据变得更加醒目。通常使用 OpenCV 库中的 line() 函数来完成这一项操作。通过设置线段的起点、终点、线条颜色以及宽度等来绘制一条线段。语法格式如下所示。

```
cv2.line(img, pt1, pt2, color[, thickness[, lineType[, shift]]])
```

参数说明见表 4-5。

表 4-5　line() 函数参数表

值	描述
img	要画的线段所在的矩形或图像
pt1	直线起点
pt2	直线终点
color	线条颜色，如 (0, 0, 255) 红色，BGR
thickness	线条粗细
lineType(可空)	8(or omitted)：8-connected line 4：4-connected line CV_AA - antialiased line
shift(可空)	坐标点小数点位数

创建一个黑色的图像，在图像中绘制一条蓝色的对角线，厚度为 5 像素，示例代码如下所示。

```
import numpy as np
import cv2 as cv
# 创建一个黑色的图像
img = np.zeros((512,512,3), np.uint8)
# 绘制一条蓝色的对角线，厚度为 5 像素
cv.line(img,(0,0),(511,511),(255,0,0),5)
cv.imshow('image', img)
```

```
cv.waitKey (0)
cv.destroyAllWindows()
```

代码运行效果如图 4-21 所示。

图 4-21　对角线的绘制

2. 矩形的绘制

当需要对图像中的某一事物进行框选、让这一事物变得更加醒目时，通常会使用 OpenCV 库中的 rectangle () 函数来完成此操作。通过设置需要框选矩形的左上角、右下角、线条颜色以及宽度等，可以绘制一个矩形。语法格式如下所示。

```
cv2.rectangle(img, pt1, pt2, color[, thickness[, lineType[, shift]]])
```

参数说明见表 4-6。

表 4-6　rectangle () 函数参数表

值	描述
img	要画的矩形所在的图像
pt1	矩形左上角的点
pt2	矩形右下角的点
color	线条颜色，如 (0, 0, 255) 红色，BGR
thickness	线条粗细（默认值 =1）
lineType	线条类型（默认值 =8）
shift	圆心坐标点和数轴的精度（默认值 =0）

创建一个黑色的图像，在图像中绘制一个水平居中和垂直居中的绿色矩形，厚度为 5 像素，示例代码如下所示。

```
import numpy as np
import cv2 as cv
# 创建一个黑色的图像
img = np.zeros((200,500,3), np.uint8)
# 绘制一个绿色矩形，厚度为 5 像素
cv.rectangle(img,(100,50),(400,150),(0,255,0),5)
cv.imshow('image', img)
cv.waitKey (0)
cv.destroyAllWindows()
```

代码运行效果如图 4-22 所示。

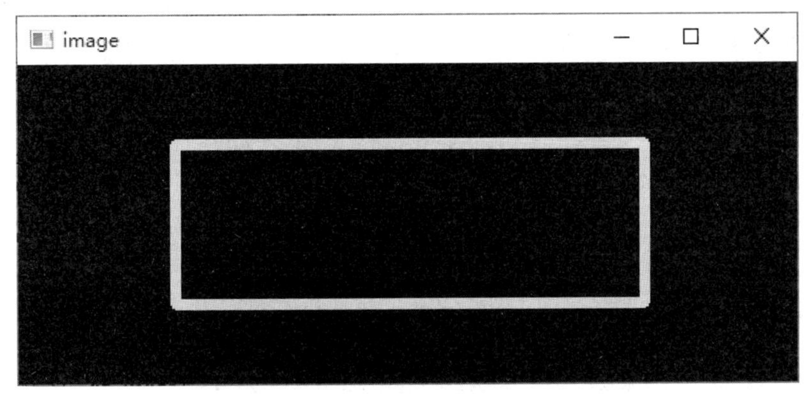

图 4-22　矩形的绘制

3. 圆形的绘制

当需要在图片中添加一个圆形时，可以通过使用 OpenCV 库中的 circle() 函数实现此操作。通过设置圆的中心点、圆的半径、线条宽度以及填充规则（空心 / 实心）等参数来绘制圆形，语法格式如下所示。

```
cv2.circle(img, center, radius, color[, thickness[, lineType[, shift]]])
```

参数说明见表 4-7。

表 4-7　circle () 函数参数表

值	描述
img	要画的圆所在的矩形或图像
center	圆心坐标，如 (100, 100)
radius	半径，如 10
color	线条颜色，如 (0, 0, 255) 红色，BGR
thickness	线条粗细（默认值 =1）
lineType	线条类型（默认值 =8）
shift	圆心坐标点和数轴的精度（默认值 =0）

创建一个黑色的图像，在图像中绘制一个实心的红色圆形，位置居中，示例代码如下所示。

```
import numpy as np
import cv2 as cv
# 创建一个黑色的图像
img = np.zeros((300,300,3), np.uint8)
# 绘制一个实心的红色圆形
cv.circle(img,(150,150), 100, (0,0,255), -1)
cv.imshow('image', img)
cv.waitKey (0)
cv.destroyAllWindows()
```

代码运行效果如图 4-23 所示。

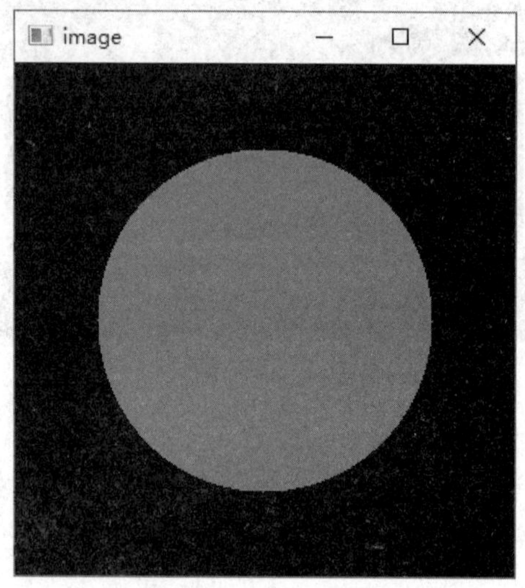

图 4-23 圆形的绘制

4. 椭圆形的绘制

当需要在图片中构建一个椭圆形时，通常可以使用 OpenCV 库中的 ellipse() 函数来完成该操作。通过指定中心点坐标、尺寸等即可实现椭圆形的绘制，语法格式如下所示。

```
cv2.ellipse(img, center, axes, angle, startAngle, endAngle, color, thickness, lineType, shift)
```

参数说明见表 4-8。

表 4-8 ellipse () 函数参数表

值	描述
img	要画的椭圆形所在的图像
center	椭圆中心点坐标
axes	椭圆尺寸（即长短轴）

续表

值	描述
angle	旋转角度（顺时针方向）
startAngle	绘制的起始角度（顺时针方向）
endAngle	绘制的终止角度（例如，绘制整个椭圆是 0，360°，绘制下半椭圆就是 0，180°）
color	线条颜色，如（0，0，255）红色，BGR
thickness	线条粗细（默认值 =1）
lineType	线条类型（默认值 =8）
shift	圆心坐标点和数轴的精度（默认值 =0）

创建一个黑色的图像，在图像中绘制一个空心的椭圆形，位置居中，线条颜色白色，宽度为 3。示例代码如下所示。

```
import cv2
import numpy as np
# 设置背景
img=np.zeros((512,512,3),np.uint8)
# 画椭圆
cv2.ellipse(img, (260, 240), (170, 130), 0, 0, 360, (255, 255, 255), 3)
# 显示
cv2.imshow("test",img)
# 按下任意键退出
cv2.waitKey(0)
cv2.destroyAllWindows()
```

代码运行效果如图 4-24 所示。

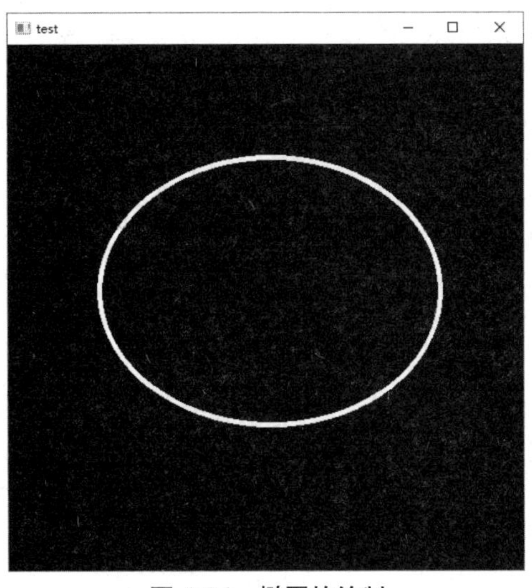

图 4-24　椭圆的绘制

5. 多边形的绘制

当需要在图片中绘制多边形时，通常是通过 OpenCV 库中的 polylines () 函数实现的。在使用 polylines () 函数绘制一个多边形时，只需要确定多边形的四个点即可，多边形的 4 个点需要传入一个二维数组，线的连接顺序按照元素的顺序进行连接，语法格式如下所示。

```
cv.polylines(img, pts, isClosed, color[, thickness[, lineType[, shift]]])
```

参数说明见表 4-9。

表 4-9　polylines () 函数参数表

值	描述
img	要绘制的多边形所在的图像
pts	多边形曲线数组
npts	多边形顶点计数器的数组
ncontours	曲线数
isClosed	指示绘制的折线是否关闭的标志。如果它们是闭合的，则该函数将从每个曲线的最后一个顶点到其第一个顶点绘制一条直线
color	折线的颜色
thickness	线条粗细（默认值 =1）
lineType	线条类型（默认值 =8）
shift	圆心坐标点和数轴的精度（默认值 =0）

创建一个黑色的图像，在图像中绘制一个小多边形，颜色为蓝色，边宽为 3。示例代码如下所示。

```
import cv2
import numpy as np
img=np.zeros((200,200,3),np.uint8)
# 设置背景
pts = np.array([[100,50],[23,30],[150,180],[90,60]], np.int32)
pts = pts.reshape((-1,1,2))
cv.polylines(img,[pts],True,(255,255,0),3)
cv2.imshow("test",img)
# 显示
cv2.waitKey(0)
# 按下任意键退出
cv2.destroyAllWindows()
```

代码运行效果如图 4-25 所示。

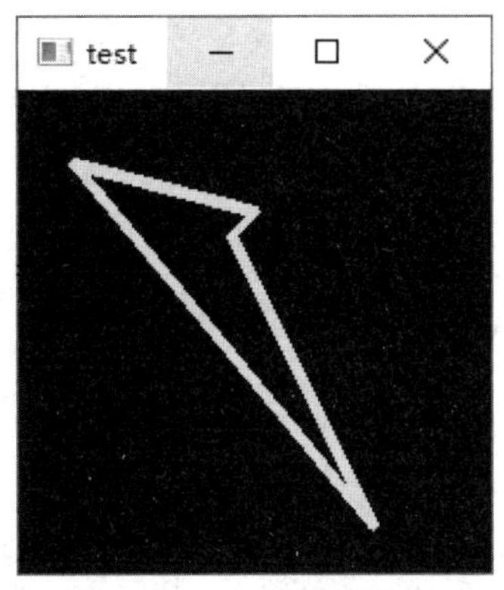

图 4-25　多边形的绘制

在这里需要注意，如果第 3 个参数是错误 (False) 的，将得到一个多线连接所有点的图形，而不是一个封闭的图形，示例代码如下所示。

```
import cv2
import numpy as np
img=np.zeros((200,200,3),np.uint8)
# 设置背景
pts = np.array([[100,50],[23,30],[150,180],[90,60]], np.int32)
pts = pts.reshape((-1,1,2))
# 设置多边形
cv.polylines(img,[pts],False,(255,255,0),3)
cv2.imshow("test",img)
# 显示
cv2.waitKey(0)
# 按下任意键退出
cv2.destroyAllWindows()
```

代码运行效果如图 4-26 所示。

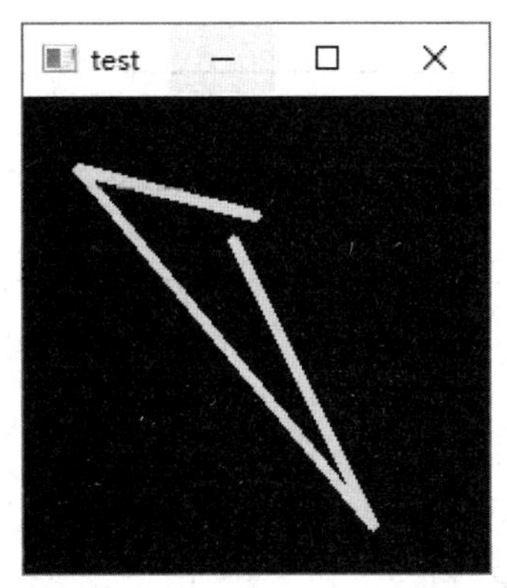

图 4-26　未封闭多边形的绘制

6. 文字的绘制

OpenCV 库中的 putText() 函数可以实现对图片进行文字的添加。首先需要确认文字左下角的坐标，然后需要注意函数 putText 在图像中呈现指定字体的文本字符串，无法使用指定字体呈现的符号将替换为问号。语法格式如下所示。

```
cv.putText(img,text,org,fontFace,fontScale,color[,thickness[, lineType[, bottomLeftOrigin]]])
```

参数说明见表 4-10。

表 4-10 putText () 函数参数表

值	描述
img	需要绘制文字所在的图像
text	待显示的文字
org	文字在图像中的左下角坐标
font	字体结构体
fontFace	字体类型，可选择字体： ● FONT_HERSHEY_SIMPLEX, ● FONT_HERSHEY_PLAIN, ● FONT_HERSHEY_DUPLEX, ● FONT_HERSHEY_COMPLEX, ● FONT_HERSHEY_TRIPLEX, ● FONT_HERSHEY_COMPLEX_SMALL, ● FONT_HERSHEY_SCRIPT_SIMPLEX, ● FONT_HERSHEY_SCRIPT_COMPLEX 以上所有类型都可以配合 FONT_HERSHEY_ITALIC 使用，产生斜体效果
fontScale	字体大小，该值和字体内置大小相乘得到字体大小
color	文本颜色（默认颜色存储通道为 BGR）
thickness	线条粗细（默认值 =1）
lineType	线条类型（默认值 =8）
bottomLeftOrigin	图像数据原点

使用 OpenCV 读取一张图片，在图片的中心加入“Spongebob squarepants”，设置字体为浅蓝色，示例代码如下所示。

```
# 导入需要的库
import cv2
import numpy as np
# 读取素材图片
img = cv2.imread('D:/img/test.jpg')
# 设置字体
```

```
font = cv2.FONT_HERSHEY_SCRIPT_COMPLEX
# 设置需要描绘的文字
text = 'Spongebob squarepants'
# 生成文字
cv2.putText(img,text,(20,100), font, 2,(255,255,0),2,cv2.LINE_AA)
# 展示图片
cv2.imshow("test",img)
# 显示
cv2.waitKey(0)# 按下任意键退出
cv2.destroyAllWindows()
```

代码运行效果如图 4-27、图 4-28 所示。

图 4-27　文字的绘制素材图

图 4-28　文字的绘制

通过对图片通道的了解，可以对通道进行一些操作。将图 4-29 作为案例素材，对图片的通道进行拆分，拆分出来的通道是灰度的，所以通过合并函数将通道恢复至原来的色彩，再通过合并函数对其通道进行组合排列，从而产生不同颜色的图片。

图 4-29　通道组合素材

第一步，导入需要用到的库，定义图片所在的路径，路径设置完毕以后，通过 imread() 函数对图片进行读取，并为返回的像素数组赋值。通过返回的像素数组，提取各通道所需要的值，拆分成 B，G，R 3 个通道，为后续的操作做准备，示例代码如下所示。

```
# 导入 OpenCV 库
# 导入 numpy 库
import cv2
import numpy as np
import matplotlib.pyplot as plt
# 图片路径设置
path = 'D:/img/RGB.png'
# 读取图片
img = cv2.imread(path)
# 顺序是 b,g,r，不是 r,g,b
b, g ,r =cv2.split(img)
```

第二步，生成一个包括图像宽和高的数组，通过这个数组，可以使用合并函数 merge() 对通道上色，并将蓝色通道和绿色通道合并。示例代码如下所示。

```
# 返回来一个数组
zeros = np.zeros(img.shape[:2], dtype = "uint8")
# 通道分量为零可以理解为零矩阵
# 蓝色通道上色
```

```
merged_b = cv2.merge([b,zeros,zeros])
# 绿色通道上色
merged_g = cv2.merge([zeros,g,zeros])
# 蓝色通道和绿色通道合并
merged_b_g = cv2.merge([b,g,zeros])
```

第三步，展示图片，对单通道的灰度图像和合并后的图片进行展示。示例代码如下所示。

```
# 展示图片
# 单通道灰色图像
cv2.imshow("Bule 1", b)
# 合并后蓝色图像
cv2.imshow("merged_b",merged_b)
# 展示蓝色和绿色通道合并后的图像
cv2.imshow("merged_b_g",merged_b_g)
# 一定要加 cv2.waitKey(0), 要不然会报错
cv2.waitKey(0)
```

代码运行效果如图 4-30 所示。

图 4-30　通道的合并

其他颜色合并排列顺序（蓝红、蓝绿、绿红）合并效果相同，示例代码如下所示。

```
# 导入 OpenCV 库
# 导入 numpy 库
import cv2
import numpy as np
import matplotlib.pyplot as plt
# 图片路径设置
path = 'D:/img/RGB.png'
# 读取图片
```

```
img = cv2.imread(path)
# 顺序是 b,g,r，不是 r,g,b
b, g ,r =cv2.split(img)
# 返回来一个数组
zeros = np.zeros(img.shape[:2], dtype = "uint8")
# 通道分量为零可以理解为零矩阵
merged_b = cv2.merge([b,zeros,zeros])
merged_g = cv2.merge([zeros,g,zeros])
merged_r = cv2.merge([zeros,zeros,r])
# 蓝色和红色组合
merged_b_r = cv2.merge([b,zeros,r])
# 蓝色和绿色组合
merged_b_g = cv2.merge([b,g,zeros])
# 绿色和红色组合
merged_g_r = cv2.merge([zeros,g,r])
plt.figure(figsize=(10, 10))
# 原图展示
plt.subplot(331)
plt.imshow(img[:,:,::-1])
plt.title('img')
# 蓝色通道
plt.subplot(334)
plt.imshow(merged_b[:,:,::-1])
plt.title('merged_b')
# 绿色通道
plt.subplot(335)
plt.imshow(merged_g[:,:,::-1])
plt.title('merged_g')
# 红色通道
plt.subplot(336)
plt.imshow(merged_r[:,:,::-1])
plt.title('merged_r')
# 蓝红组合
plt.subplot(337)
plt.imshow(merged_b_r[:,:,::-1])
plt.title('merged_b_r')
# 蓝绿组合
plt.subplot(338)
```

```
plt.imshow(merged_b_g[:,:,::-1])
plt.title('merged_b_g')
# 绿红组合
plt.subplot(339)
plt.imshow(merged_g_r[:,:,::-1])
plt.title('merged_g_r')
plt.show()
cv2.waitKey(0)
cv2.destroyAllWindows()
```

代码运行效果如图 4-31 所示。

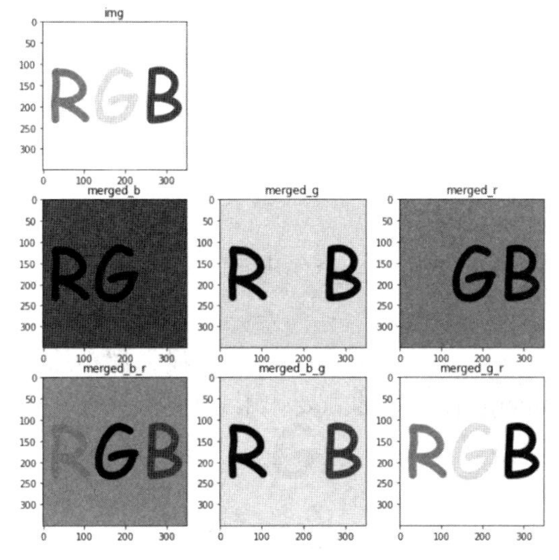

图 4-31　图像通道组合

通过对本项目的学习，读者加深了对颜色空间的认识，熟悉了通道的基础知识以及函数的使用，掌握了图像直方图以及均衡化的操作，为下一阶段的学习打下了坚实的基础。

color space　　色域

color model　色彩模型
saturation scale　饱和度
channels　通道
histogram equalization　直方图均衡
hue　色相
lightness / luminance 亮度
graphic　图形
text　文本
color　颜色

一、选择题

1. 在 OpenCV 库中，split () 函数的主要作用是（　　）。
A. 通道拆分　B. 通道合并
C. Alpha 通道设置　D. 以上都不是

2. 在 OpenCV 库中，merge () 函数的主要作用是（　　）。
A. 通道拆分　B. 通道合并
C. Alpha 通道设置　D. 以上都不是

3. 想要实现图片的透明度设置应该使用（　　）进行。
A. merge () 函数和 ones() 函数　B. split () 函数和 ones() 函数
C. merge 函数和 split () 函数　D. 以上都不是

4. 以下选项中，（　　）是 calcHist() 函数的作用。
A. 图片校正　B. 视角变换
C. 图片像素的直方图统计　D. 透明度调节

5. 图片均衡的主要作用是（　　）。
A. 图片校正　B. 视角变换
C. 图片像素的直方图统计　D. 增加图像的全局对比度

二、简答题

1. 什么是图像直方图？

2. 什么是色彩空间？

项目五　图像变换

通过对图像变换的探索和练习，了解图像的几何变换，熟悉图像变换中常用的函数，掌握图像的缩放、翻转、平移、旋转、透视等函数的使用以及图像各属性的设置方法，掌握使用图像变换函数进行图片变换的技能，在任务实施过程中：

- 了解图像几何变换的操作理念；
- 熟悉图像变换中常用的操作函数；
- 掌握图像的缩放、翻转、平移等操作；
- 掌握对图像进行变换的技能。

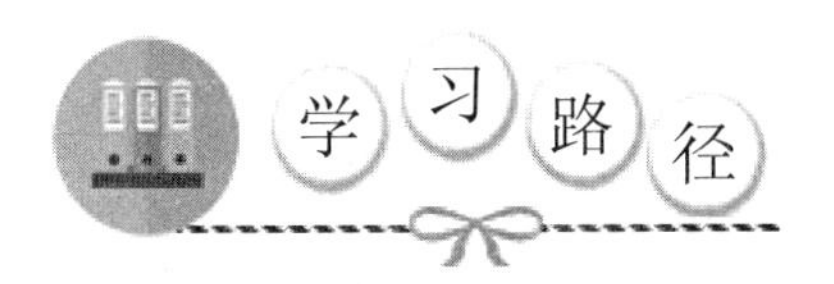

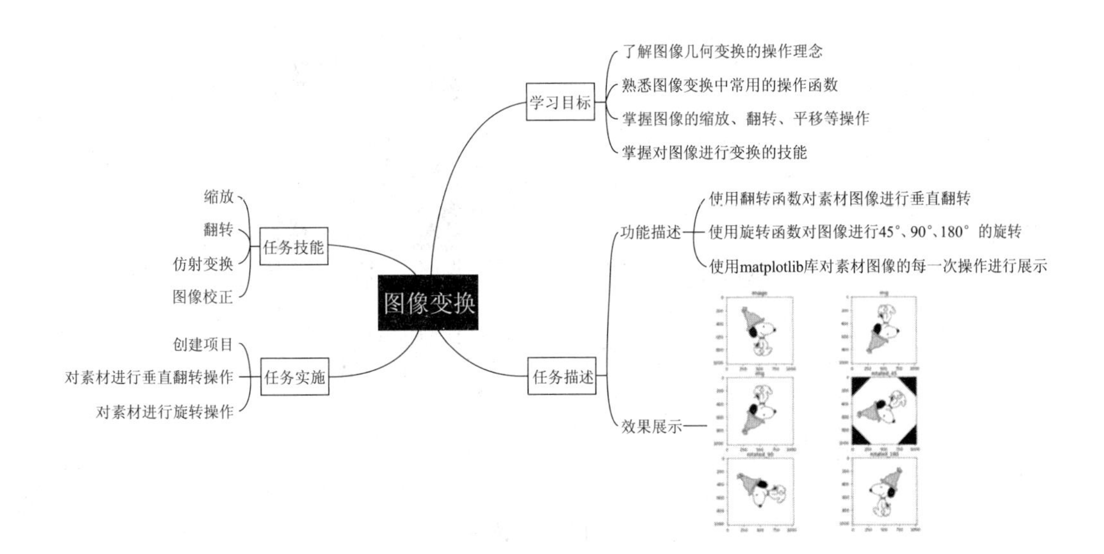

【情境导入】

随着社会的发展和科技的进步，人们的生活越来越美好，拍照打卡记录自己的日常生活变得越来越流行。而对图片进行简单的处理变得越来越有必要。通过对本项目 OpenCV 库图像几何操作知识的学习，最终实现对图像的垂直翻转和图像的旋转操作。

【功能描述】

- 使用翻转函数对素材图像进行垂直翻转；
- 使用旋转函数对图像进行 45°、90°、180°的旋转；
- 使用 matplotlib 库对素材图像的每一次操作进行展示。

【效果展示】

通过对本项目的学习，读者能够用图像几何变换的相关知识，实现图像的旋转、翻转等操作。效果如图 5-1 所示。

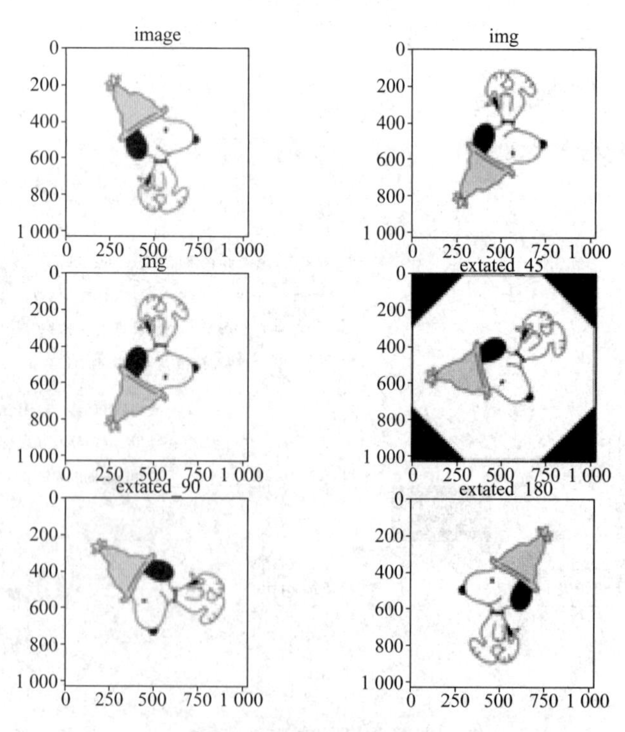

图 5-1　图片的旋转和翻转

课程思政：知国情，强专业

近年来，中国劳动力质量和成本逐渐升高，企业不断尝试转型，逐渐淘汰落后的生产方式，企业的生产方式日趋智能化。相对于人工视觉检验，机器视觉检测具有效率高、精度高、检测效果稳定可靠、信息集成方便等优势。在企业控制成本与提升效率的要求下，产业链的智能化生产、自动化产线改造为企业迎来新的发展机遇，推动了中国机器视觉行业的发展。机器视觉行业的发展和机器视觉的广泛应用，对机器视觉领域的工作人员提出了更高的要求。我们应更加努力地学习新技术，为国家科技发展贡献一份力量。

技能点 1　缩放

缩放（Zoom），就是将图片缩小或者放大。可以通过设置图像的像素大小来实现图像缩放。一般在使用缩放技术时，对图像进行均匀的缩小或者放大。如图 5-2 所示。

图 5-2　缩放示例（缩小）

在特殊的情况下，并未按照比例进行缩放的图片的形状都会发生改变。比如矩形可能变成不同形状的矩形，还可能变成平行四边形（保持在平行于轴的线之间的角度，但不保持所有的角度）。

一般对图片进行缩小和放大通常会使用 OpenCV 库中的 resize() 函数。resize() 函数可以通过设置图片的尺寸或者百分比来对图片进行缩放操作。resize () 函数的语法格式如下所示。

```
cv2.resize(src, dst, size, fx, fy, interpolation)
```

参数说明见表 5-1。

表 5-1 resize () 函数参数表

参数	描述
src	输入图片 (必选)
size	输出图片尺寸，格式为（宽，高）(必选)
fx	沿 x 轴的缩放系数 (可选)
fy	沿 y 轴的缩放系数 (可选)
interpolation	插入方式 (可选)

interpolation 选项所用的插值方法见表 5-2。

表 5-2 interpolation 插值方法

参数值	描述
INTER_NEAREST	最近邻插值
INTER_LINEAR	双线性插值（默认设置）
INTER_AREA	使用像素区域关系进行重采样
INTER_CUBIC	4×4 像素邻域的双三次插值
INTER_LANCZOS4	8×8 像素邻域的 Lanczos 插值

通常在使用 resize() 函数时，使用到 size 参数就不再使用 fx，fy 参数，在这里需要注意的是 size 和 fx、fy 不能同时为 0，指定好 size 的值，让 fx 和 fy 空置，直接使用默认值，如“resize(img,size(30,30))”。

如果 size 为 0，指定好 fx 和 fy 的值，比如 fx=fy=0.5，resize(img,None，fx=0.5,fy=0.5)，那么就相当于把原图沿着两个方向缩小一倍！

使用 size 参数实现对图片的缩放效果，示例代码如下所示。

```
# 导入库
import cv2
# 读取图像
img = cv2.imread('D:/img/1.png', cv2.IMREAD_UNCHANGED)
# 输出原始图像大小
print(' 原图像大小 : ',img.shape)
scale_percent = 50          # 原始大小百分比
# 缩放比例设置
width = int(img.shape[1] * scale_percent / 100)
height = int(img.shape[0] * scale_percent / 100)
```

```
dim = (width, height)
# 调整图像
size_resized = cv2.resize(img,dim, interpolation = cv2.INTER_AREA)
fxfy_resized = cv2.resize(img,None,fx = 0.5, fy = 0.5, interpolation = cv2.INTER_AREA)
# 输出调整后的图片大小
print('size 参数缩放大小 : ',size_resized.shape)
print('fxfy 参数缩放大小 : ',fxfy_resized.shape)
# 展示图像
cv2.imshow('img',img)
cv2.imshow("size_resized image", size_resized)
cv2.imshow("fxfy_resized image", fxfy_resized)
cv2.waitKey(0)
cv2.destroyAllWindows()
```

代码运行效果图如 5-3 所示：

图 5-3　原始和缩放图片展示

可以发现，使用 fx、fy 参数对图片进行缩放操作比使用 size 参数更加方便、简洁。所以开发人员使用 fx、fy 参数比使用 size 参数更多一些。

技能点 2　翻转

翻转和翻书类似，图像翻转可以按照上下、左右各边进行翻转，也就是垂直翻转和水平翻转。

在 OpenCV 库中，要实现图片的翻转可以使用 flip() 函数，flip() 函数用于围绕垂直轴、水平轴或两个轴翻转二维数组，语法格式如下所示。

```
cv2.flip(src, flipCode[, dst] )
```

参数说明见表 5-3。

表 5-3　flip() 函数参数表

参数	描述
src	输入数组
flipCode	用于指定如何翻转数组的标志；0 表示绕 x 轴翻转，正值 (例如 1) 表示绕 y 轴翻转。负值 (例如 -1) 表示围绕两个轴翻转
dst	输出数组的大小和类型与 src 相同

使用 flip() 函数对图片进行水平翻转、垂直翻转以及水平垂直翻转等操作，示例代码如下所示。

```
# 导入库
import cv2
# 图片路径
path = r'D:/img/5.jpg'
# 在默认模式下读取图像
src = cv2.imread(path)
# 显示图像的窗口名称
window_name = 'Image'
# Using cv2.flip() method
# 使用翻转代码 1 水平翻转
image = cv2.flip(src, 1)
# 使用翻转代码 0 垂直翻转
image1 = cv2.flip(src, 0)
# 使用翻转代码 -1 水平垂直翻转
image2 = cv2.flip(src, -1)
# 显示的图像　原图像
cv2.imshow("original image",src)
# 显示的图像　水平翻转
cv2.imshow(window_name, image)
# 显示的图像　垂直翻转
cv2.imshow(window_name+"1", image1)
# 显示的图像　水平垂直翻转
cv2.imshow(window_name+"2", image2)
cv2.waitKey(0)
```

代码运行效果如图 5-4 所示。

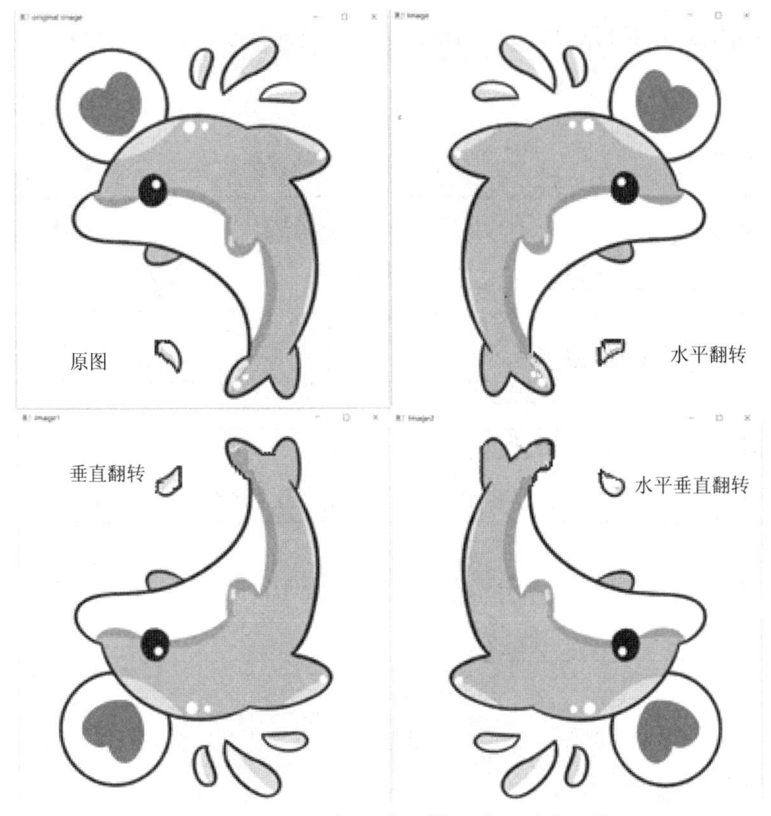

图 5-4　水平翻转、垂直翻转和水平垂直翻转

技能点 3　仿射变换

仿射变换可以理解为矩阵乘法（旋转）和向量加法（平移）的变换。从本质上讲，一个仿射变换代表了两个图像之间的关系，可以分别表示为：平移（向量加法）和旋转（矩阵乘法）。

1. 平移

平移，顾名思义是指在一个平面内，将一个图形上的所有点都按照某个直线方向做相同距离的移动，这样的图形运动叫作图形的平移运动，简称平移。

平移不会改变图形的形状和大小。图形经过平移后，对应线段相等，对应角相等，对应点所连的线段相等。平移是等距同构，是仿射空间中仿射变换的一种。它可以视为将同一个向量加到每个点上，或将坐标系统的中心移动所得的结果。

如果想要对将图片进行移动，可以用过 OpenCV 库中的 warpAffine() 函数来实现平移操作。warpAffine() 函数主要是利用变换矩阵对图像进行如旋转、仿射、平移等变换，只需提供一个 2*3 的变换矩阵（M），就可以对图像进行变换。它通常与 cv2.getRotationMatrix2D() 函数一起使用，这两个函数是用来获取变换矩阵的，这样就不需要设置矩形了，语法格式如下所示。

```
cv2.warpAffine(src, M, dsize,dst,flags,borderMode,borderValue)
```

参数说明见表 5-4。

表 5-4 warpAffine() 函数参数表

参数	描述
src	输入图像
M	变换矩阵，一般反映平移或旋转的关系，为 InputArray 类型的 2×3 变换矩阵
dsize	输出图像的大小
flags	插值方法的组合（int 类型）
borderMode	边界像素模式（int 类型）
borderValue	边界填充值；默认情况下，它为 0，也就是边界填充默认是黑色

用 warpAffine() 函数将图 5-5 所示图片向右平移 10 个像素，向下平移 30 个像素，示例代码如下所示。

```
# 导入库
import cv2
import numpy as np
# 读取图像
img = cv2.imread('D:/img/4.jpg')
height,width,channel = img.shape
# 声明变换矩阵 向右平移 10 个像素，向下平移 30 个像素
M = np.float32([[1, 0, 10], [0, 1, 30]])
# 进行 2D 仿射变换
shifted = cv2.warpAffine(img, M, (width, height))
cv2.imwrite('test.png', shifted)
cv2.waitkey(0)
```

代码运行效果如图 5-5、5-6 所示。

图 5-5 OpenCV 标志

图 5-6 图像的平移

2. 旋转

旋转，是在一个平面内，一个图形绕着一个定点旋转一定的角度得到另一个图形的变化。这个定点叫作旋转中心，旋转的角度叫作旋转角，如果一个图形上的点 *A* 经过旋转变为点 *A'*，那么这两个点叫作旋转的对应点。

在 OpenCV 库中对图片进行旋转操作时，要使用 getRotationMatrix2D() 函数与 wrapAffine () 函数。

OpenCV 中 getRotationMatrix2D() 函数可以直接生成矩阵（M），而不需要在程序里计算三角函数，语法格式如下所示。

```
getRotationMatrix2D(center, angle, scale)
```

参数说明见表 5-5。

表 5-5　warpAffine() 函数参数表

参数	描述
center	旋转中心点 (cx，cy)，可以随意指定
angle	旋转的角度，单位是度，逆时针方向为正方向，角度为正值代表逆时针
scale	缩放倍数，值等于 1.0 表示尺寸不变

使用 warpAffine() 函数和 getRotationMatrix2D() 函数对图进行旋转操作；以中心为原点，分别逆时针旋转 30°，逆时针旋转 45°，逆时针旋转 60°，示例代码如下所示。

```
# 导入库
import numpy as np
import cv2
from math import cos,sin,radians
from matplotlib import pyplot as plt
# 读取图片
img = cv2.imread('D:/img/1.png')
height, width, channel = img.shape
# 求得图片中心点，作为旋转的中心
cx = int(width / 2)
cy = int(height / 2)
# 旋转的中心
center = (cx, cy)
new_dim = (width, height)
# 进行 2D 仿射变换
# 围绕原点 逆时针旋转 30 度
M = cv2.getRotationMatrix2D(center=center,angle=30, scale=1.0)
rotated_30 = cv2.warpAffine(img, M, new_dim)
```

```
# 围绕原点 逆时针旋转 45°
M = cv2.getRotationMatrix2D(center=center,angle=45, scale=1.0)
rotated_45 = cv2.warpAffine(img, M, new_dim)
# 围绕原点    逆时针旋转 60°
M = cv2.getRotationMatrix2D(center=center,angle=60, scale=1.0)
rotated_60 = cv2.warpAffine(img, M, new_dim)
# 展示原图像
plt.subplot(221)
plt.imshow(img[:,:,::-1])
# 逆时针旋转 30°
plt.subplot(222)
plt.imshow(rotated_30[:,:,::-1])
# 逆时针旋转 45°
plt.subplot(223)
plt.imshow(rotated_45[:,:,::-1])
# 逆时针旋转 60°
plt.subplot(224)
plt.imshow(rotated_60[:,:,::-1])
plt.show()
cv2.waitkey(0)
```

代码运行效果如图 5-7 所示。

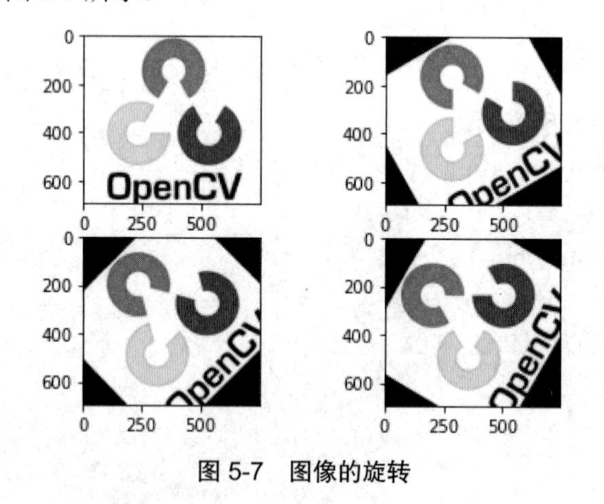

图 5-7 图像的旋转

技能点 4 图像校正

图像校正是对图像进行旋转矫正的操作，其关键是获取旋转角度，在获取旋转角度后，可以用仿射变换对图像进行矫正。但有时图片是不规则的，从而导致使用仿射变换对图像旋转达不到校正的需求，所以在对不规则图像进行校正操作时，需要使用图像校正技术。图像校正的本质是将图像从一个几何平面投影到另一个几何平面，图像校正保证同一条直线的点还是在同一条直线上，但保证不了平行的直线仍然平行。如图 5-8 所示。

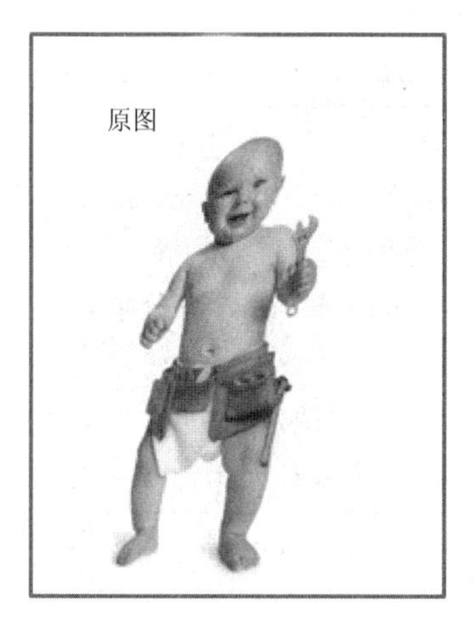

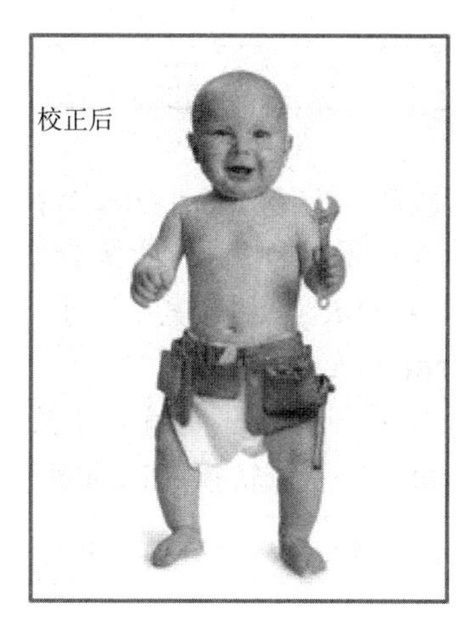

图 5-8　图像校正

仿射变换的原理如图 5-9 所示。两个图像中，非共线的三对对应点确定唯一的一个仿射变换(因为仿射变换矩阵有 6 个自由度，因此通过 3 个不共线的点可以求得该矩阵)。经仿射变换后，图像中的 3 个关键点依然构成三角形，但三角形形状已经发生变化。

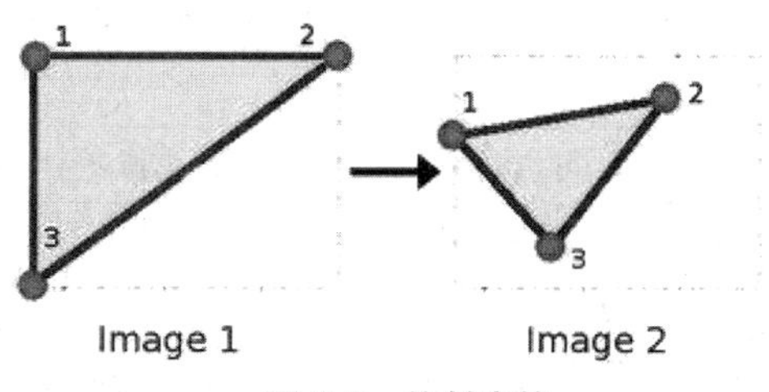

图 5-9　仿射变换

图像校正功能的实现需要 getPerspectiveTransform() 函数和 warpPerspective() 函数的配合使用。

1. getPerspectiveTransform()

getPerspectiveTransform() 函数根据源图像和目标图像上的 4 个点坐标来计算从源图像校正到目标图像的 3*3 图像校正矩阵。语法格式如下所示。

```
getPerspectiveTransform(src, dst, solveMethod=None)
```

参数说明见表 5-6。

表 5-6 getPerspectiveTransform () 函数参数表

参数	描述
src	源图像上 4 个点的坐标构成的矩阵，要求其中任意 3 个点不共线
dst	目标图像上 4 个点的坐标构成的矩阵，要求其中任意 3 个点不共线，且每个点与 src 的对应点对应
solveMethod	矩阵分解方法 [三角分解、满秩分解、Jordan 分解和 SVD（奇异值）分解]

其中，矩阵分解，英文为 matrix decomposition 或 matrix factorization，是将矩阵拆解为数个矩阵的乘积。在图像处理方面，矩阵分解被广泛用于降维（压缩）、去噪、特征提取、数字水印等，是十分重要的数学工具，其中特征分解（谱分解）和奇异值分解是两种常用方法。

2. warpPerspective()

warpPerspective() 函数用于对输入图像进行透视、变换操作并返回图像校正后的结果图像。将带有一定角度的图像转换成正面视角图像，语法格式如下所示。

```
warpPerspective(src,M,dsize,dst=None,flags=None,borderMode=None,borderValue=None)
```

参数说明见表 5-7。

表 5-7 warpPerspective () 函数参数表

参数	描述
src	输入图像矩阵
M	3*3 的图像校正矩阵，可以通过 getPerspectiveTransform 等函数获取
dsize	结果图像大小，为宽和高的二元组
dst	输出结果图像，可以省略，结果图像会作为函数处理结果输出
flags	可选参数，插值方法的组合（int 类型），默认值 INTER_LINEAR
borderMode	可选参数，边界像素模式（int 类型），默认值 BORDER_CONSTANT
borderValue	可选参数，边界填充值，当 borderMode 为 cv2.BORDER_CONSTANT 时使用，默认值为 None

通过使用 getPerspectiveTransform() 函数和 warpPerspective() 函数对图 5-10 进行校正处理，示例代码如下所示。

```
# 导入库
import cv2
import matplotlib.pyplot as plt
import numpy as np
img = cv2.imread('D:/img/text.jpg')
rows,cols,ch = img.shape
# 因为之前膨胀了很多次，所以四边形区域需要向内收缩而且本身就有白色边缘
```

```
margin=40
# 左图画面中的四个点的坐标
pts1 = np.float32([[921+margin, 632+margin], [659+margin, 2695-margin], [3795-margin, 2630-margin], [3362-margin, 856+margin]])
# 变换到新图片中，四个点对应的新的坐标
pts2 = np.float32([[0,0], [0, 1000], [1400, 1000], [1400, 0]])
# 生成变换矩阵
M = cv2.getPerspectiveTransform(pts1,pts2)
# 进行图像校正
dst = cv2.warpPerspective(img,M,(1400,1000))
plt.subplot(121),plt.imshow(img),plt.title('Input')
plt.subplot(122),plt.imshow(dst),plt.title('Output')
plt.show()
cv2.waitkey(0)
```

图像校正后的效果如图 5-11 所示。

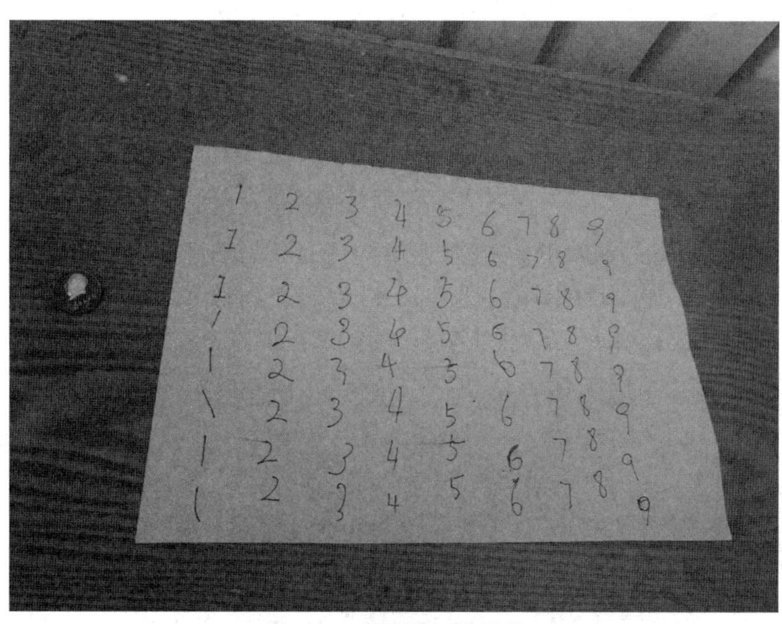

图 5-10　需要校正的图片

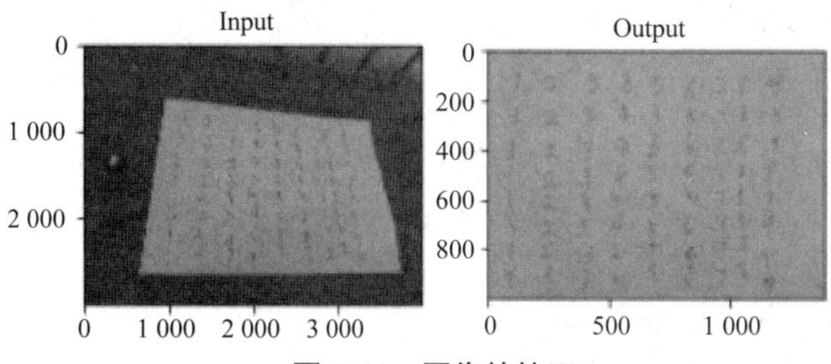

图 5-11　图像的校正

通过以上学习，读者可以掌握图像几何操作的常用属性及使用方法，为了巩固所学的知识，通过以下几个步骤对图片进行翻转和旋转，先对图 5-12 进行垂直翻转操作，在翻转后通过旋转操作将图片旋转。

图 5-12 旋转和翻转素材

第一步，通过 OpenCV 库中的 flip() 函数对图片进行翻转。首先导入 OpenCV 库和 matplotlib 库。然后设置图片的路径，通过 imread() 函数对图片路径所指定的图片进行读取。示例代码如下所示。

```
# 导入库
import numpy as np
import cv2
from math import cos,sin,radians
from matplotlib import pyplot as plt
# 图片路径
path = r'C:/Users/17464/Desktop/Desktop/img/4.jpg'
# 在默认模式下读取图像
image = cv2.imread(path)
```

第二步，使用 flip() 函数对图像进行翻转，参数 image 是读取的图片，参数 0 代表垂直翻转。通过 matplotlib 库将展示画布设置为一行两列展示两个图像，对原始图像和翻转后的图像进行展示。示例代码如下所示。

```
# 使用翻转代码 0 垂直翻转
img = cv2.flip(image, 0)
# 显示的图像
plt.subplot(121)
plt.imshow(image[:,:,::-1])
plt.subplot(122)
plt.imshow(img[:,:,::-1])
plt.show()
cv2.waitkey(0)
```

代码运行效果如图 5-13 所示。

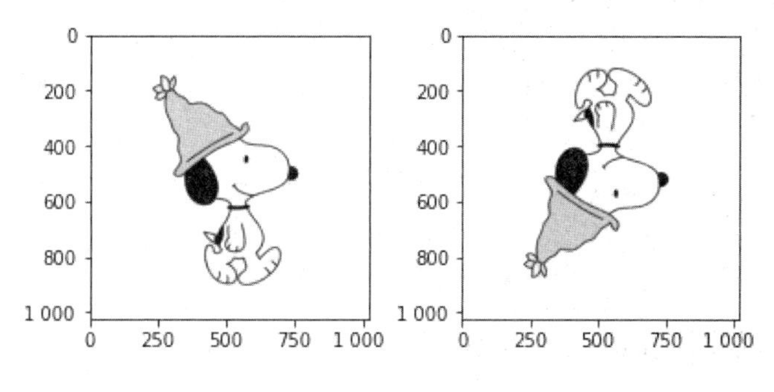

图 5-13　图片翻转

第三步，先求出旋转的中心点，也就是图片的中心点，设置好中心点之后进行 2D 仿射变换，通过 getRotationMatrix2D() 函数中的 angle 参数设置旋转角度，负数为顺时针旋转，正数为逆时针旋转。然后定义一个两行两列的画布，在画布中演示图片每旋转一个角度的图片。示例代码如下所示。

```
# 求得图片中心点，作为旋转的中心
cx = int(width / 2)
cy = int(height / 2)
# 旋转的中心
center = (cx, cy)
new_dim = (width, height)
# 进行 2D 仿射变换
# 围绕原点 顺时针旋转 45°
M = cv2.getRotationMatrix2D(center=center,angle=-45, scale=1.0)
rotated_45 = cv2.warpAffine(img, M, new_dim)
# 围绕原点 顺时针旋转 90°
M = cv2.getRotationMatrix2D(center=center,angle=-90, scale=1.0)
rotated_90 = cv2.warpAffine(img, M, new_dim)
```

```
# 围绕原点 顺时针旋转 180°
M = cv2.getRotationMatrix2D(center=center,angle=-180, scale=1.0)
rotated_180 = cv2.warpAffine(img, M, new_dim)
# 展示原图像
plt.subplot(221)
plt.imshow(img[:,:,::-1])
# 逆时针旋转 30°
plt.subplot(222)
plt.imshow(rotated_45[:,:,::-1])
# 逆时针旋转 45°
plt.subplot(223)
plt.imshow(rotated_90[:,:,::-1])
# 逆时针旋转 60°
plt.subplot(224)
plt.imshow(rotated_180[:,:,::-1])
plt.show()
cv2.waitkey(0)
```

代码运行效果如图 5-14 所示。

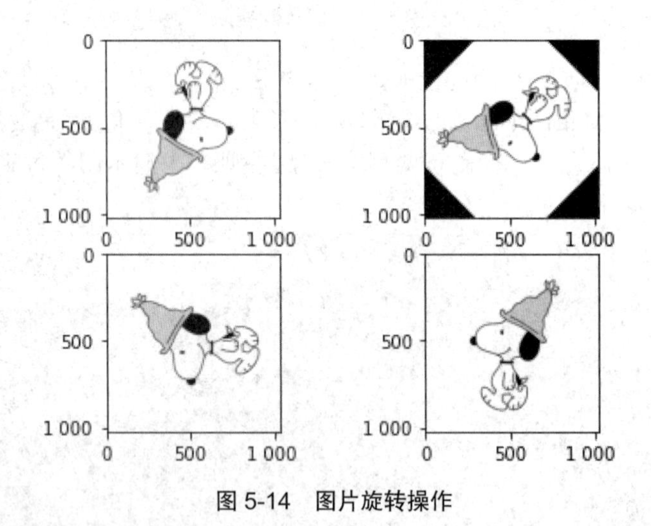

图 5-14　图片旋转操作

第四步，对图像的翻转和旋转效果进行展示，合并后的完整代码示例如下。

```
# 导入库
import numpy as np
import cv2
from math import cos,sin,radians
from matplotlib import pyplot as plt
```

```
# 图片路径
path = r'C:/Users/17 464/Desktop/Desktop/img/4.jpg'
# 在默认模式下读取图像
image = cv2.imread(path)
# 使用翻转代码 0 垂直翻转
img = cv2.flip(image, 0)
height, width, channel = img.shape
# 求得图片中心点，作为旋转的中心
cx = int(width / 2)
cy = int(height / 2)
# 旋转的中心
center = (cx, cy)
new_dim = (width, height)
# 进行 2D 仿射变换
# 围绕原点顺时针旋转 45°
M = cv2.getRotationMatrix2D(center=center,angle=-45, scale=1.0)
rotated_45 = cv2.warpAffine(img, M, new_dim)
# 围绕原点顺时针旋转 90°
M = cv2.getRotationMatrix2D(center=center,angle=-90, scale=1.0)
rotated_90 = cv2.warpAffine(img, M, new_dim)
# 围绕原点顺时针旋转 180°
M = cv2.getRotationMatrix2D(center=center,angle=-180, scale=1.0)
rotated_180 = cv2.warpAffine(img, M, new_dim)
# 展示原图像
plt.figure(figsize=(10, 10))
plt.subplot(321)
plt.imshow(image[:,:,::-1])
plt.title('image')
# 展示垂直翻转图像
plt.subplot(322)
plt.imshow(img[:,:,::-1])
plt.title('img')
# 展示垂直翻转图像
# 旋转开始
plt.subplot(323)
plt.imshow(img[:,:,::-1])
plt.title('img')
```

```
# 围绕原点顺时针旋转 45°
plt.subplot(324)
plt.imshow(rotated_45[:,:,::-1])
plt.title('rotated_45')
# 围绕原点顺时针旋转 90°
plt.subplot(325)
plt.imshow(rotated_90[:,:,::-1])
plt.title('rotated_90')
# 围绕原点顺时针旋转 180°
plt.subplot(326)
plt.imshow(rotated_180[:,:,::-1])
plt.title('rotated_180')
plt.show()
cv2.waitkey(0)
```

代码运行效果如图 5-15 所示。

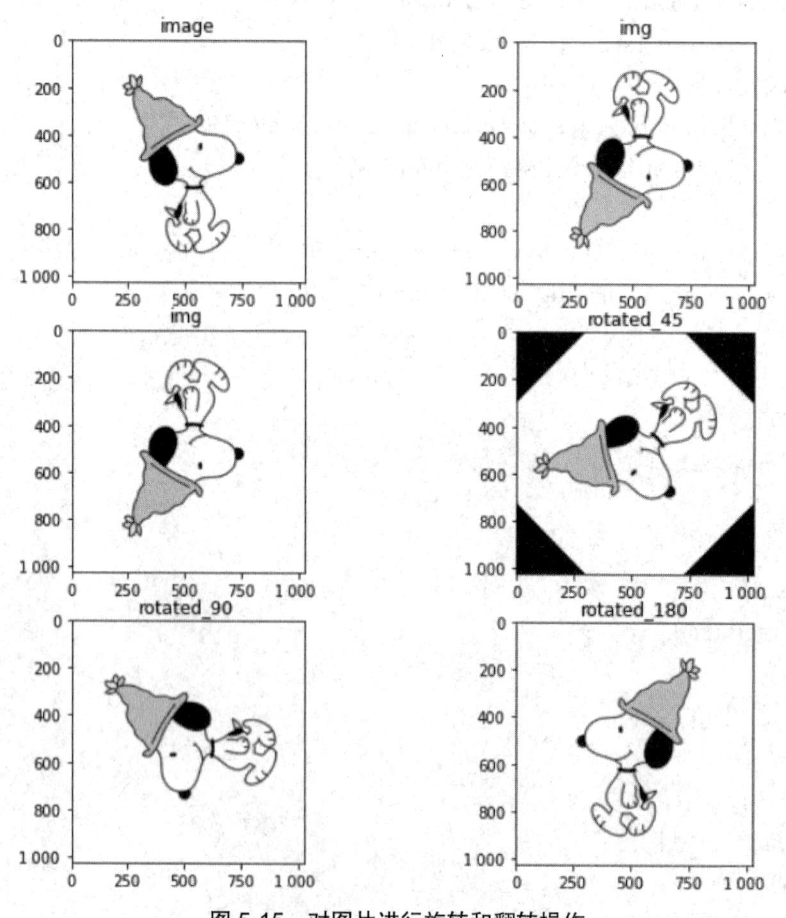

图 5-15 对图片进行旋转和翻转操作

通过对本项目的学习，读者熟悉了使用图像校正技术进行校正的功能，加深了对仿射变换、透视等的理解，掌握了基本的图像几何变换的函数操作技术，为下一阶段的学习打下了坚实的基础。

interpolation　插值
center　中心
angle　角
scale　规模
triangular factorization　三角分解法
QR factorization　QR 因子分解法
singular value decomposition　奇异值分解法
matrix decomposition　矩阵分解
input　输入
output　输出

一、选择题

1. 在 OpenCV 库中，resize () 函数的主要作用是（　　）。

A. 缩放　　B. 平移
C. 旋转　　D. 翻转

2. 在 OpenCV 库中，flip () 函数的主要作用是（　　）。

A. 缩放　　B. 平移
C. 旋转　　D. 翻转

3. 要实现图片旋转的效果，应该使用 OpenCV 库中的（　　）。

A. getPerspectiveTransform() 函数

B. warpPerspective() 函数

C. getRotationMatrix2D() 函数与 wrapAffine () 函数

D. 以上都不是

4. 以下选项中，（　　）不是图像校正的作用。

A. 图片校正　　B. 视角变换

C. 图像拼接　　D. 透明度调节

5. 以下选项中，（　　）能够校正图片。

A. circle() 函数和 ellipse() 函数

B. Line() 函数和 rectangle () 函数

C. getPerspectiveTransform() 函数和 warpPerspective() 函数

D. getRotationMatrix2D() 函数和 wrapAffine () 函数

二、简答题

1. 图像校正的本质是什么？

2. 什么是仿射变换？

项目六　阈值处理与图像运算

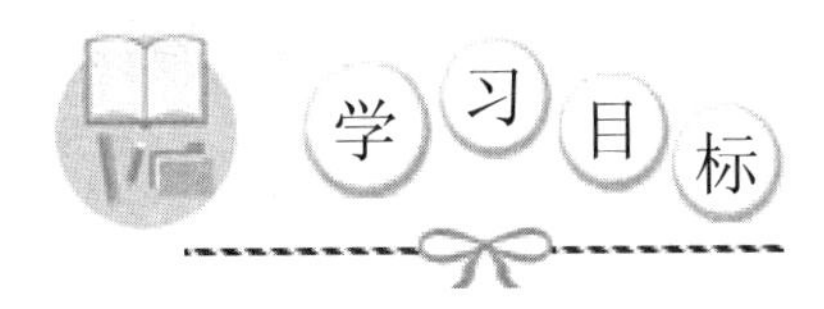

通过对阈值处理与图像运算的学习，读者可以了解阈值处理与图像运算，熟悉阈值处理中常用的几种方式以及图像运算方法，掌握二值化、自适应、OTSU 等阈值处理方法，掌握使用图像运算进行图像的增强、分割、混合等的技能，在任务实施过程中：

- 了解阈值处理与图像运算；
- 熟悉二值化、自适应、OTSU 等阈值处理方法；
- 掌握图像的几种运算方法；
- 掌握使用图像运算进行图像的增强、分割、混合的技能。

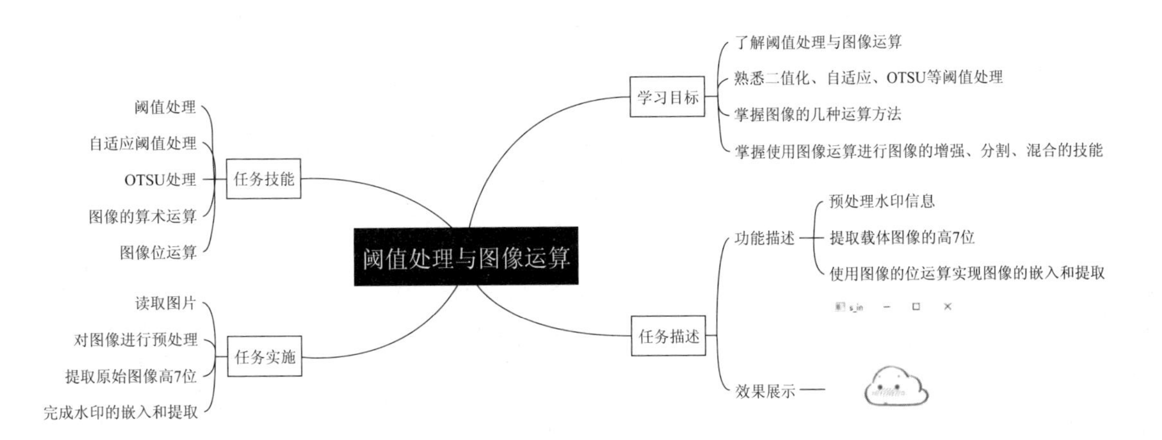

【情境导入】

随着社会的发展，各种数字媒体层出不穷。很多人为了保护自己的权益，就在自己的作品上添加数字水印。希望通过对本项目图像的阈值处理及图像运算的学习，最终实现数字水印的嵌入与提取。

【功能描述】

- 预处理水印信息；
- 提取载体图像的高 7 位；
- 使用图像的位运算实现图像的嵌入和提取。

【效果展示】

通过对本项目的学习，读者能够运用阈值处理和图像运算相关知识，实现数字水印的嵌入与提取，效果如图 6-1 所示。

图 6-1　嵌入水印后的图像

技能点 1　阈值处理

阈值处理就是首先设定某个阈值，然后对大于阈值的像素或者小于阈值的像素统一处理的过程。在 OpenCV 中，可以使用 cv2.threshold() 函数对图像进行阈值化处理。语法格式如下所示。

```
retval , dst=cv2.threshold( src, thresh, maxval, type)
```

参数说明见表 6-1。

表 6-1　threshold() 函数参数表

函数	说明
retval	返回的阈值
dst	阈值处理结果图像，与原始图像的大小、类型以及通道数相同
src	需要进行阈值处理的图像
thresh	需要设定的阈值
maxval	当 type 参数为 THRESH_BINARY 或者 THRESH_BINARY_INV 类型时，需要设定的最大值
type	阈值处理的类型

阈值处理的具体类型见表 6-2。

表 6-2　阈值处理类型表

类型	说明
cv2.THRESH_BINARY	二值化阈值处理（在灰度值大于阈值的点，将其灰度值设定为最大值；在灰度值小于或等于阈值的点，将其灰度值设定为 0）
cv2.THRESH_BINARY_INV	反二值化阈值处理（在灰度值大于阈值的点，将其灰度值设定为 0；在灰度值小于或等于阈值的点，将其灰度值设定为最大值）

续表

类型	说明
cv2.THRESH_TRUNC	截断阈值化处理（在灰度值大于阈值的点，将其灰度值设定为阈值；在灰度值小于或等于阈值的点，其灰度值保持不变）
cv2.THRESH_TOZERO_INV	高阈值零处理（在灰度值大于阈值的点，将其灰度值设定为 0；在灰度值小于或等于阈值的点，其灰度值保持不变）
cv2.THRESH_TOZERO	低阈值零处理（在灰度值大于阈值的点，其灰度值保持不变；在灰度值小于或等于阈值的点，将其灰度值设定为 0）

使用 cv2.threshold() 函数对图 6-2 进行阈值化处理，示例代码如下所示。

```
import cv2 as cv
img = cv.imread('./image/cat.jpg',0)
# 二值化阈值处理
ret,th = cv.threshold(img,127,255,cv.THRESH_BINARY)
cv.imshow('BINARY', th)
# 反二值化阈值处理
ret,th1 = cv.threshold(img,127,255,cv.THRESH_BINARY_INV)
cv.imshow('BINARY_INV', th1)
# 截断阈值处理
ret,th2 = cv.threshold(img,127,255,cv.THRESH_TRUNC)
cv.imshow('TRUNC', th2)
# 低阈值处理
ret,th3 = cv.threshold(img,127,255,cv.THRESH_TOZERO)
cv.imshow('TOZERO', th3)
# 高阈值处理
ret,th4 = cv.threshold(img,127,255,cv.THRESH_TOZERO_INV)
cv.imshow('TOZERO_INV', th4)
cv.waitKey(0)
cv.destroyAllWindows()
```

代码运行效果如图 6-3 至图 6-7 所示。

图 6-2　原始图片

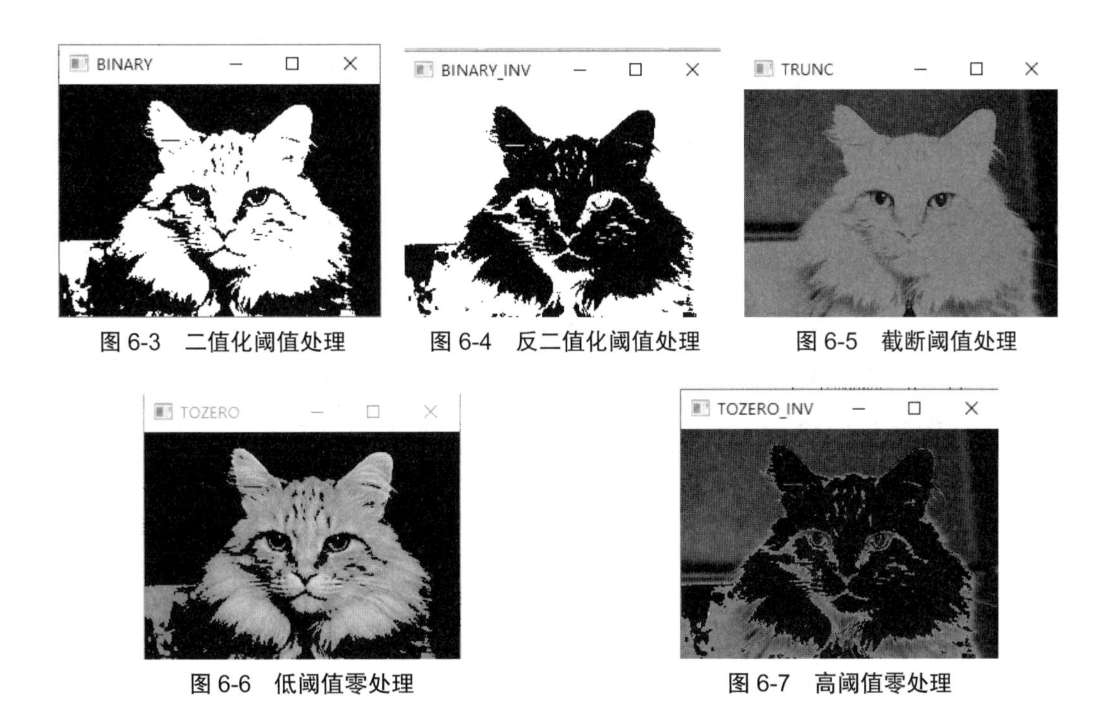

图 6-3　二值化阈值处理　图 6-4　反二值化阈值处理　图 6-5　截断阈值处理

图 6-6　低阈值零处理　图 6-7　高阈值零处理

技能点 2　自适应阈值处理

对于色彩均衡的图像来说，直接使用一个阈值就可以完成对图像的阈值化处理。但是有时图像的色彩是不均衡的，此时如果只用一个阈值，就无法得到清晰有效的阈值分割的图像，所以，需要采用自适应阈值处理。自适应阈值处理是通过计算每个像素点周围临近区域的加权平均值获得阈值，并使用该阈值对当前像素点进行处理，它能够更好地处理明暗差异较大的图像。

在 OpenCV 中，可以用 cv2.adaptiveThreshold() 函数对图像进行自适应阈值处理，语法格式如下所示。

```
cv2.adaptiveThreshold( src, maxValue,adaptiveMethod ,thresholdType,blockSize,C)
```

参数说明见表 6-3。

表 6-3 threshold() 函数参数表

参数	说明
src	待处理的图像
maxValue	最大值
adaptiveMethod	自适应的方法
thresholdType	阈值处理方式，该值必须是 cv2.THRESH_BINARY 或者 cv2.THRESH_BINARY_INV
blockSize	表示一个像素在计算其阈值时所使用的邻域尺寸，通常为 3、5、7 等
C	常量

cv2.adaptiveThreshold() 函数根据参数 adaptiveMethod 来确定自适应阈值的计算方法，具体方式见表 6-4。

表 6-4 自适应方法表

方法	说明
cv2.ADAPTIVE_THRESH_MEAN_C	邻域所有像素点的权重值是一致的
cv2.ADAPTIVE_THRESH_GAUSSIAN_C	与邻域各个像素点到中心点的距离有关，通过高斯方程得到各个点的权重值

这两种方法都是逐个像素地计算自适应阈值，自适应阈值等于每个像素由参数 blockSize 指定邻域的加权平均值减去常量 C。使用 cv2.adaptiveThreshold() 函数实现自适应阈值处理，示例代码如下所示。

```
import cv2 as cv
img = cv.imread('./image/cat.jpg',0)
# 自适应阈值处理
MEAN=cv.adaptiveThreshold(img,255,cv.ADAPTIVE_THRESH_MEAN_C,cv.THRESH_BINARY,5,3)
GAUSSIAN=cv.adaptiveThreshold(img,255,cv.ADAPTIVE_THRESH_GAUSSIAN_C,cv.THRESH_BINARY,5,3)
cv.imshow("MEAN",MEAN)
cv.imshow("GAUSSIAN",GAUSSIAN)
cv.waitKey()
cv.destroyAllWindows()
```

代码运行效果如图 6-8 所示。

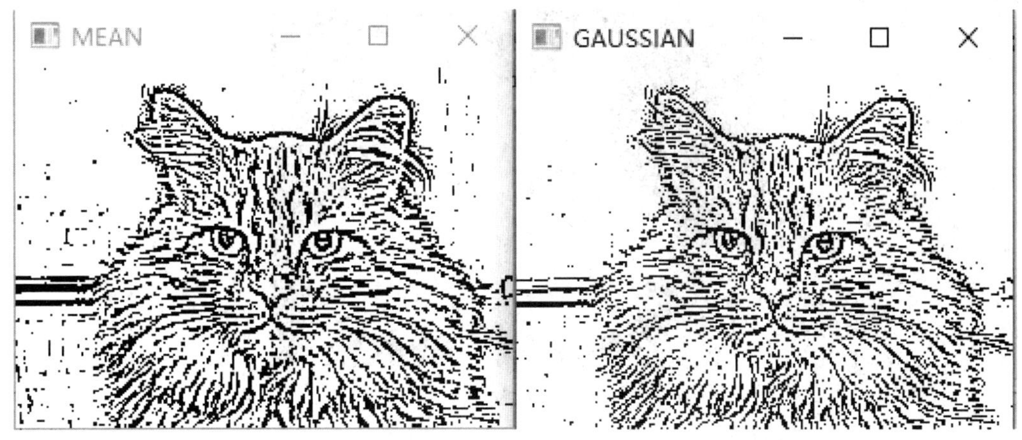

图 6-8　自适应阈值处理

技能点 3　OTSU 处理

OTSU 是一种确定图像二值化分割阈值的算法，又称作最大类间方差法。它被认为是图像处理中阈值分割的最佳算法。它是按图像的灰度特性，将图像分成背景和前景两部分。因为方差是对灰度分布均匀性的一种度量，背景和前景之间的类间方差越大，说明构成图像的两部分的差别越大，当部分前景错分为背景或部分背景错分为前景时，都会导致两部分的差别变小。因此，对类间方差进行最大的分割意味着错分概率最小。

OTSU 方法能够根据当前图像给出最佳的类间分割阈值。它会遍历所有可能阈值，从而找到最佳的阈值。在 OpenCV 中，通过函数 cv2.threshold() 中对参数 type 的类型多传递一个参数“cv2.THRESH_OTSU”，就可以实现 OTSU 方式的阈值分割。语法格式如下所示。

```
retval , otsu=cv2.threshold( src, 0,255,cv2.THRESH_BINARY+cv2.THRESH_OTSU)
```

使用 cv2.threshold() 实现 OTSU 阈值处理，示例代码如下所示。

```
import cv2 as cv
img = cv.imread('./image/cat.jpg',0)
# OTSU 阈值
ret,th = cv.threshold(img,0,255,cv.THRESH_BINARY+cv.THRESH_OTSU)
cv.imshow('OTSU', th)
cv.waitKey(0)
cv.destroyAllWindows()
```

代码运行效果如图 6-9 所示。

图 6-9　OTSU 阈值处理

技能点 4　图像的算术运算

图像的算术运算是指对图像进行加减乘除，通过算术运算可以达到图像增强的效果。在 OpenCV 中，能进行图像的算术运算的函数见表 6-5。

表 6-5　图像算术运算函数表

函数	说明
add()	图像加法
subtract()	图像减法
multiply()	图像乘法
divide()	图像除法
pow()	图像幂运算
sqrt()	图像开方
addWeighted()	图像加权和

下面重点介绍图像加法运算和图像加权和。

1. 图像加法运算

在进行图像处理的过程中，可以通过“+”符号与 add() 函数进行加法运算。“+”符号是对两个图像的像素值相加，再将结果除以 256 取余数。需要注意的是，图像运算要求两个图像的大小、类型一致。用 cv2.add() 函数进行运算时，add() 函数就是将两个图像的像素值相加，并且结果最大值只能是 255。语法格式如下所示。

```
cv2.add(a, b)
```

其中 a、b 表示需要相加的两个图像，图像的减法、乘法、除法运算与图像的加法运算操作步骤及语法结构基本一致。

用“+”符号与 add() 函数来进行图像的加法运算，示例代码如下所示。

```
import cv2 as cv
a = cv.imread("./image/a.jpg")
cv.imshow("a", a)
src1 = a+a
cv.imshow("+", src1)
src2 = cv.add(a, a)
cv.imshow("add", src2)
cv.waitKey()
cv.destroyAllWindows()
```

代码运行效果如图 6-10、图 6-11 所示。

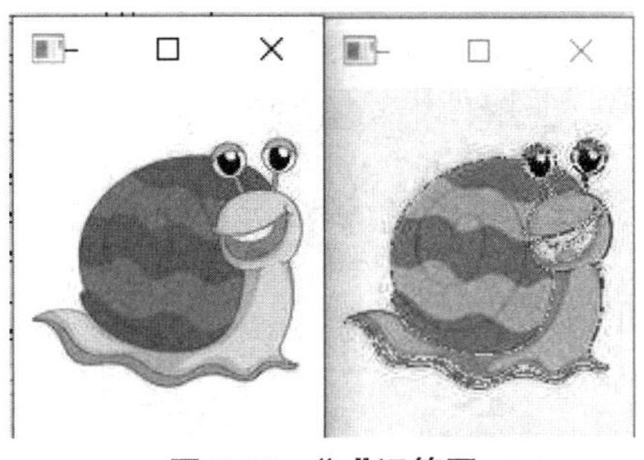

图 6-10　“+”运算图

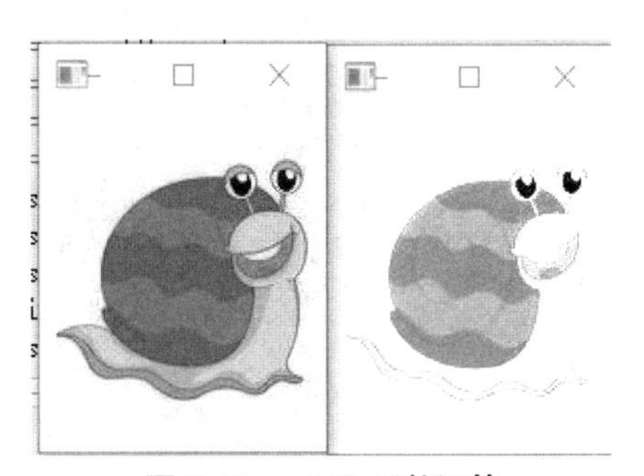

图 6-11　add() 函数运算

2. 图像加权和

图像加权和，就是在计算两幅图像的像素值之和时，将每幅图像的权重考虑进来。

在 OpenCV 中，用 cv2.addWeighted() 函数进行图像加权和操作，语法格式如下所示。

```
cv2.addWeighted(src1，alpha，src2，beta，gamma)
```

其中，参数 alpha 和 beta 是 src1 和 src2 所对应的系数，它们的和可以等于 1，也可以不等于 1。需要注意的是，参数 gamma 的值可以是 0，但是该参数是必选参数，不能省略。使用 cv2.addWeighted() 函数实现图像 a 与图像 b 的加权和，示例代码如下所示。

```
import cv2 as cv
# 读取图片 1
img = cv.imread("./image/a.jpg")
img1 = cv.resize(img, (200, 200))
cv.imshow("img1", img1)
# 读取图片 2
img2 = cv.imread("./image/b.jpg")
img3 = cv.resize(img2, (200, 200))
```

```
cv.imshow("img3", img3)

# 对图像加权相加
img4 = cv.addWeighted(img1, 0.6, img3, 0.4, 0)
cv.imshow("addweighted", img4)
cv.waitKey(0)
cv.destroyAllWindows()
```

代码运行效果如图 6-12 所示。

图 6-12　图像加权和

注意：当 addWeighted() 函数里的参数“alpha=1，beta=1，gamma=0”时，等同于 add() 函数。

技能点 5　图像位运算

图像的按位运算就是对像素点值的按位运算，按位运算是针对二进制数而言的，也就是说只有 0 和 1 两个值，因此，在对图像进行按位运算时，需要将图像转化成灰度图。在 OpenCV 中，提供了 4 种按位运算函数，具体见表 6-6。

表 6-6　图像位运算函数表

函数	说明
bitwise_and()	按位与运算（按位与是将参与运算的两个数对应的二进位相与，也就是对同一位上的数字（0 或 1）进行与操作。在图像处理中，1 表示白色，0 表示黑色，具体算法：1&1=1，1&0=0，0&1=0，0&0=0）
bitwise_or()	按位或运算（按位或是将参与运算的两个数对应的二进位相或，也就是对同一位上的数字（0 或 1）进行或操作。具体算法：1|1=1，1|0=1，0|1=1，0|0=0）
bitwise_xor()	按位异或运算（异或操作相当于不带进位的二进制加法，二进制下用 1 表示真，0 表示假。具体算法：1^1=0，1^0=1，0^1=1，0^0=0）
bitwise_not()	按位非运算（非操作就是指本来值的反值）

以按位与运算为例，语法格式如下所示。

```
cv2.bitwise_and( src1,src2[,mask]])
```

其中“mask”表示掩膜，对两张图进行按位操作，示例代码如下所示。

```
import cv2 as cv
# 读取图片 1
img = cv.imread("./image/O.png")
img1 = cv.resize(img, (200 , 200))
cv.imshow("img1", img1)
# 读取图片 2
img2 = cv.imread("./image/timg.png")
img3 = cv.resize(img2, (200, 200))
cv.imshow("img2", img3)
# 逻辑与运算
img4 = cv.bitwise_and(img1,img3)
cv.imshow("and", img4)
# 逻辑或运算
img5 = cv.bitwise_or(img1, img3)
```

```
cv.imshow("or", img5)
# 逻辑异或运算
img6 = cv.bitwise_xor(img1, img3)
cv.imshow(x"or", img6)
 # 逻辑非运算
img7 = cv.bitwise_not(img1)
cv.imshow("not", img7)
cv.waitKey(0)
cv.destroyAllWindows()
```

代码运行效果如图 6-13~ 图 6-17 所示。

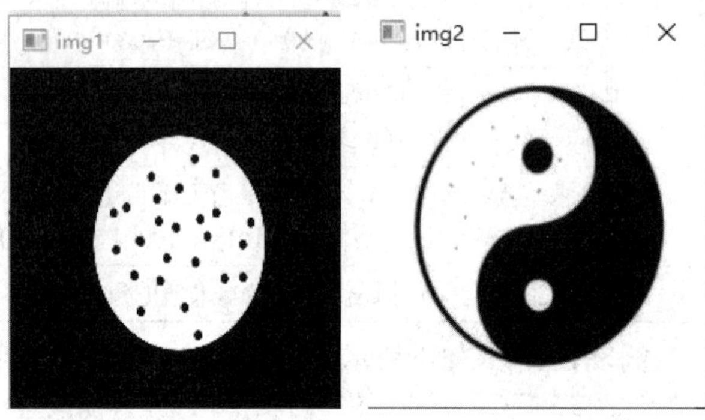

图 6-13　两个原始图像

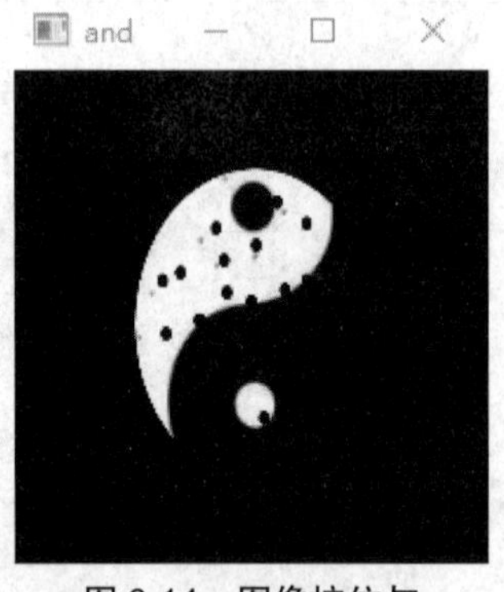

图 6-14　图像按位与

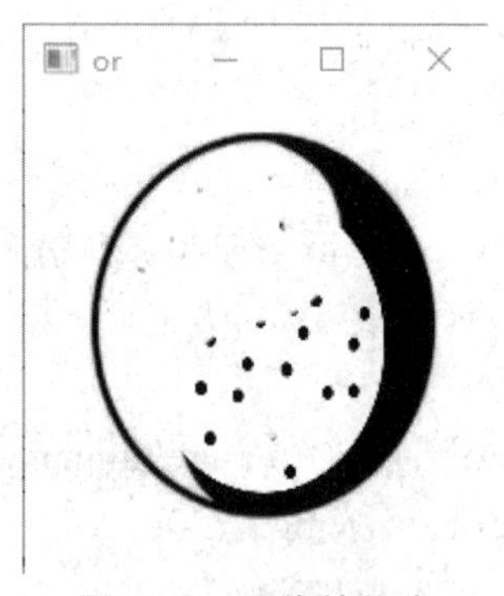

图 6-15　图像按位或

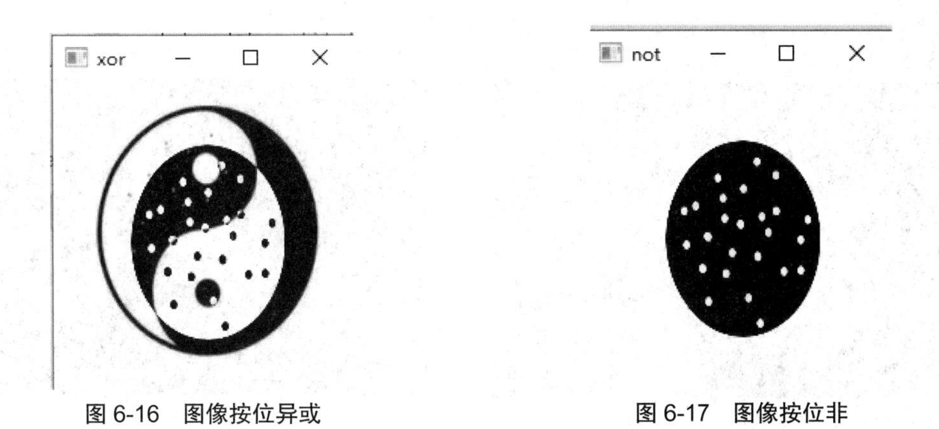

图 6-16　图像按位异或　　图 6-17　图像按位非

掩膜的实质是一个二维数组，用选定的图像、图形或物体，对处理的图像（全部或局部）进行遮挡，来控制图像处理的区域或处理过程。在 OpenCV 中的很多函数都会指定一个掩膜。当进行掩膜操作时，操作只会在掩膜上值为非空的点上执行，将其他的点置为零。

接下来，通过掩膜使用图像的按位与运算来截取一张图像中感兴趣的区域，示例代码如下所示。

```
import cv2 as cv
import numpy as np

# 读取图片
img = cv.imread("./image/panda.jpg")
img1 = cv.resize(img, (300 , 200))
cv.imshow("img", img1)

# 生成掩膜图像
mask = np.zeros(img1.shape, img1.dtype)
mask[50:110, 130:190] = 255
cv.imshow("mask", mask)

# 截取感兴趣区域
img2 = cv.bitwise_and(img1, mask)
cv.imshow("bitwise_and", img2)
cv.waitKey(0)
cv.destroyAllWindows()
```

代码运行效果如图 6-18 所示。

图 6-18 图像掩膜

通过以上学习，读者掌握了阈值处理的几种方式以及图像的加减乘除、混合、位运算。为了巩固所学的知识，通过以下几个步骤，使用图像的运算实现数字水印的嵌入与提取。

第一步：创建项目

创建 python 文件。引入 OpenCV 库、numpy 库，示例代码如下所示。

```
import cv2 as cv
import numpy as np
```

第二步：读取显示图片

读入原始图像和水印图像并显示，示例代码如下所示。

```
img = cv.imread("./image/fly.jpg", 0)
cv.imshow("img", img)
s = cv.imread("./image/emjoy.jpeg", 0)
cv.imshow("s", s)
```

代码运行效果如图 6-19 所示。

图 6-19　读取原始图像与水印图像

第三步：预处理水印图像

因为没有现成的二值图像，这里的水印图像 s 是一个包含黑色和白色的彩色图像，因此需要阈值化处理，将灰度值小于 128 的灰度值置为 0，大于 128 的置为 1，示例代码如下所示。

```
s_black = s[:,:]<128
s[s_black] = 0
s_white = s[:]>=128
s[s_white] = 1
```

第四步：提取原始图像高 7 位

提取高 7 位矩阵，为行列和载体图像行列相等的矩阵，矩阵中每个值都为 254，提取载体图像高 7 位，将提取矩阵和载体图像按位与运算，示例代码如下所示。

```
r, c = img.shape
t = np.ones((r, c), dtype=np.uint8)*254
img_h7 = np.bitwise_and(img, t)
cv.imshow("img_h7", img_h7)
```

代码运行效果如图 6-20 所示。

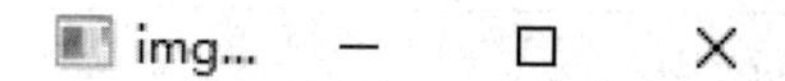

图 6-20　图像高 7 位

第五步：嵌入水印图像

将表示水印图像的二进制图像与载体矩阵按位或运算，得到带有水印的图像，示例代码如下所示。

```
s_in = np.bitwise_or(img_h7, s)
cv.imshow("s_in", s_in)
```

代码运行效果如图 6-21 所示。

图 6-21　嵌入水印后图像

第六步：提取水印图像

构造一个灰度值均为 1 的提取矩阵，将提取矩阵与带有水印的图像进行按位与运算，得到水印矩阵，最后将大小为 1 的元素赋值为 255，完成水印图像的提取。示例代码如下所示。

```
t1 = np.ones((r, c), dtype=np.uint8)
s_out = np.bitwise_and(s_in, t1)

s_out_white = s_out[:]>0
s_out[s_out_white] = 255
cv.imshow("s_out", s_out)
```

代码运行效果如图 6-22 所示。

图 6-22　提取水印图像

通过对数字水印的嵌入和提取，读者熟悉了阈值处理以及图像运算的位运算和使用方法，如图像二值化处理、按位或运算以及按位与运算。

threshold	阈值
type	类型
method	方法
adaptive	适应的

block	块
size	大小
add	加
subtract	减
multiply	乘
divide	除

一、选择题

1. 用于实现截断阈值处理的参数为(　　)。

A. THRESH_TRUNC　　B. THRESH_BINARY

C. THRESH_TOZERO　　D. THRESH_BINARY_INV

2. 用于实现自适应阈值处理的方法为(　　)。

A. threshold　　B. adaptiveThreshold

C. OTSU　　D. add

3. 用于实现图像的乘法运算的函数为(　　)。

A. add　　B. divide

C. subtract　　D. multiply

4. 用于实现图像按位非运算的函数为(　　)。

A. bitwise_or()　　B. bitwise_and()

C. bitwise_xor()　　D. bitwise_not()

5.(　　)是“00 001 001”与“00 000 101”进行按位或运算后的结果。

A.11 110 101　　B.00 001 111

C.00 001 101　　D.00 001 001

二、简答题

1. 简述图像使用“+”运算和 add() 运算的区别。

2. 编写一个程序,对图像局部区域进行打码。

项目七　形态学操作

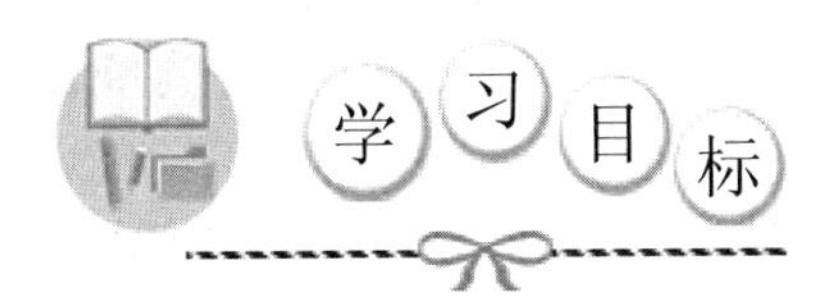

通过对形态学操作的学习，读者可以了解图像的形态学操作，熟悉形态学操作的几种方法，掌握图像的腐蚀、膨胀、开运算、闭运算、顶帽运算、黑帽运算以及梯度运算，掌握使用形态学操作改变图像显示效果的技能，在任务实施过程中：

- 了解什么是形态学操作；
- 熟悉形态学操作的方法；
- 掌握腐蚀、膨胀等操作；
- 掌握改变图像显示效果的技能。

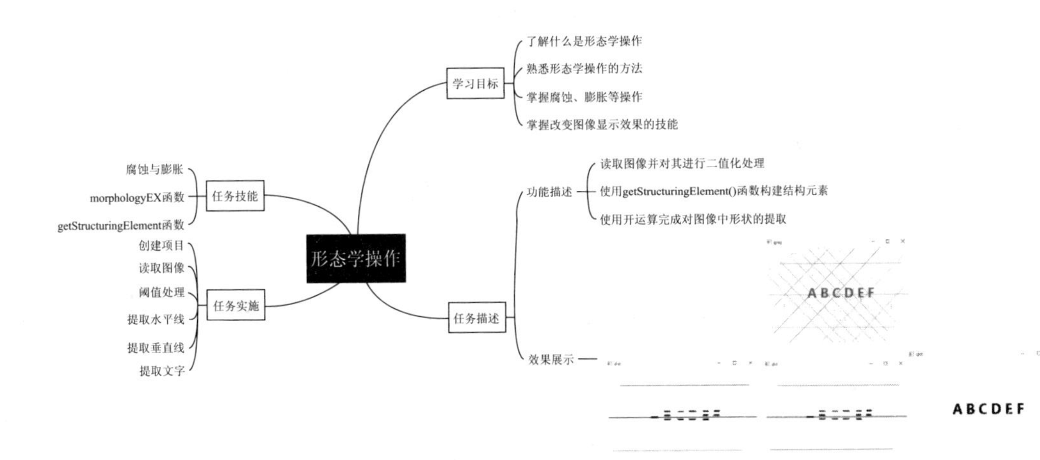

【情境导入】

随着计算机技术的进步,图像处理技术也得到了飞速的发展,并成功地应用到几乎所有与成像有关的领域。形态学操作在数字图像信号处理领域中得到广泛应用,它的主要作用是提取物体形状和结构信息,改善图像的质量。通过物体与结构元素相互作用的一些形态学运算来获得物体更本质的形态。通过对本项目形态学操作的学习,最终实现提取图像中的水平与垂直线以及对图像去噪。

【功能描述】

- 读取图像并对其进行二值化处理;
- 使用 getStructuringElement() 函数构建结构元素;
- 使用开运算完成对图像中形状的提取。

【效果展示】

通过对本项目的学习,读者能够运用形态学操作等相关知识,实现提取图像中的水平与垂直线以及对图像去噪,效果如图 7-1 所示。

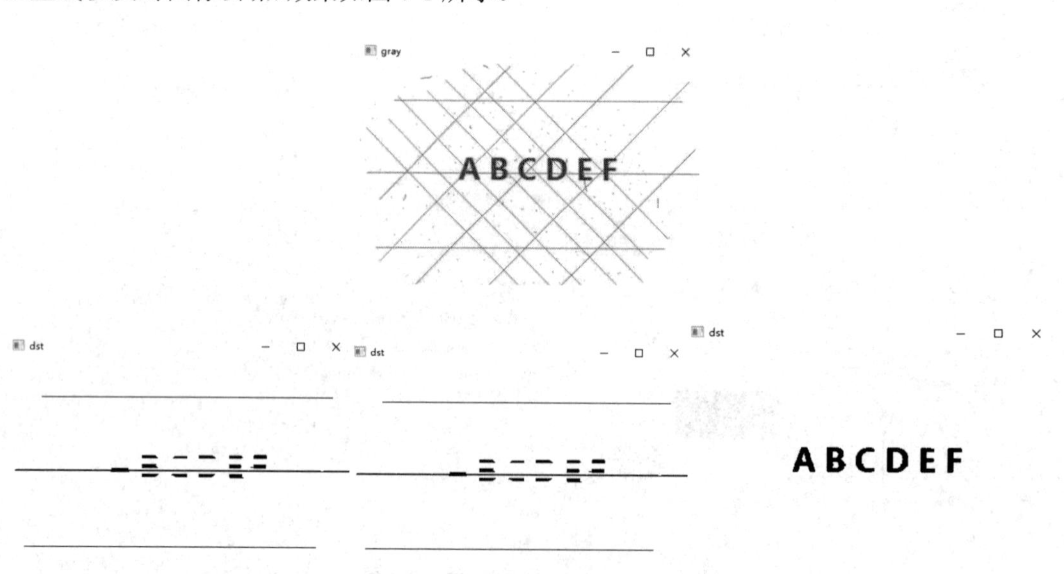

图 7-1 提取图像对应形状

课程思政：巧用科技，助力发展，复兴强国

在我国举办的2022年北京冬奥会上，百度智能云通过“3D+AI”技术打造出的“同场竞技”系统，将单人比赛项目变成“多人比赛”，实现冠、亚军比赛画面的三维恢复和虚拟叠加，方便观众看到不同选手的实时动作；同时，通过技术手段对运动员动作进行量化分析，将滑行速度、腾空高度、落地远度、旋转角度等一系列运动数据与原始画面叠加起来，使观众可以更直观地从流畅性、完成度、难度、多样性和美观度等角度看懂选手之间的技术动作差异。与此同时，央视新闻AI手语主播也正式上岗，她在冬奥会新闻播报、赛事直播和现场采访中，为听障人士提供了实时手语翻译服务。凭借精确的手语翻译引擎，该AI手语主播可懂度达85%以上，可将冰雪赛事的文字及音视频内容快速精准地转化为手语。人工智能的发展，为本届冬奥会增添了别样的“科技之美”。

技能点1　腐蚀与膨胀

腐蚀与膨胀属于形态学的范畴，它们的用途就是用来处理图形问题。总的来说，膨胀的作用就是对缺陷进行补充，腐蚀就是把毛刺给清除掉，也可以形象地理解为“增肥”与“减肥”。

1. 腐蚀

腐蚀就是把图片“变瘦”，其原理是在原图的小区域内取局部最小值。因为是二值化图，只有0和255，所以小区域内有一个是0，那么该像素点就为0，这样原图中边缘的地方就会变成0，从而达到了“瘦身”的目的。在OpenCV中，用cv2.erode()函数进行腐蚀，只需要指定核的大小就可以，语法格式如下所示。

```
cv2.erode(img,kenel,iterations))
```

参数说明见表7-1。

表7-1　cv2.erode()函数参数表

参数	说明
image	要腐蚀的图像
kenel	核结构
iterations	腐蚀的次数，默认是1

使用 erode() 函数对一张图片进行腐蚀，示例代码如下所示。

```
import cv2 as cv
import numpy as np
src = cv.imread("./image/C.png")
cv.imshow("src",src)
# 创建核结构
kenel = np.ones((28,28),dtype="uint8")
# 腐蚀
img = cv.erode(src,kenel)
cv.imshow("img",img)
cv.waitKey()
cv.destroyAllWindows()
```

代码运行效果如图 7-2 所示。

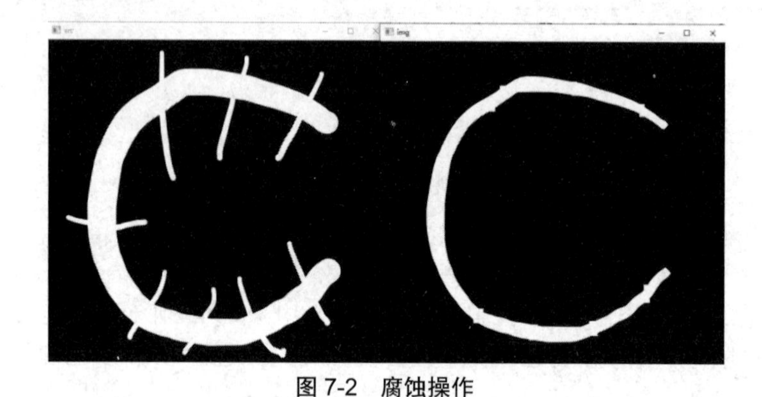

图 7-2 腐蚀操作

从图 7-2 可以看到，图中毛刺部分被清除掉了，同时图中的符号也变“瘦”了。

2. 膨胀

膨胀正好与腐蚀相反，也就是使图片变“胖”，它取的是局部最大值，在 OpenCV 中，用 cv2.dilate() 函数进行膨胀，语法格式如下所示。

```
cv2.dilate(img,kenel,iterations)
```

它的操作与腐蚀操作几乎相同，对图 7-2 左侧图像进行膨胀，示例代码如下所示。

```
import cv2 as cv
import numpy as np
src = cv.imread("./image/C.png")
cv.imshow("src",src)
# 创建核结构
kenel = np.ones((5,5),dtype="uint8")
# 膨胀
```

```
img = cv.dilate(src,kenel)
cv.imshow("img",img)
cv.waitKey()
cv.destroyAllWindows()
```

代码运行效果如图 7-3 所示。

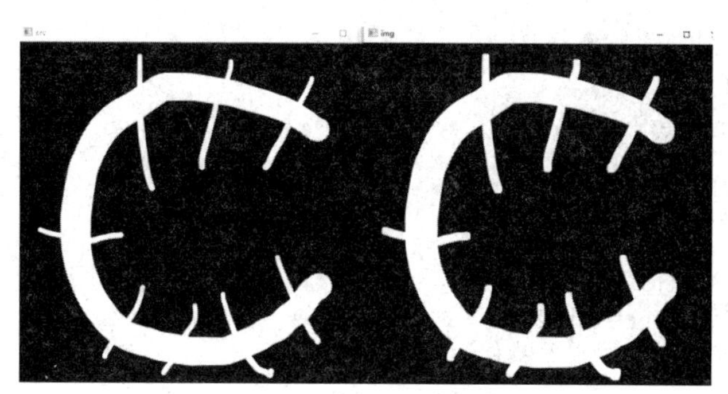

图 7-3　膨胀操作

技能点 2　morphologyEX 函数

在 OpenCV 中，morphologyEx() 函数同样可以对图像进行腐蚀与膨胀操作，与 erode() 和 dilate() 函数效果一样，它还提供了一系列其他形态学操作。形态学操作参数说明见表 7-2。

表 7-2　形态学操作参数表

参数	说明
MORPH_ERODE	腐蚀
MORPH_DILATE	膨胀
MORPH_OPEN	开运算
MORPH_CLOSE	闭运算
MORPH_TOPHAT	顶帽运算
MORPH_BLACKHAT	黑帽运算
MORPH_GRADIENT	梯度运算

1. 开运算

开运算是先腐蚀后膨胀，它能够除去孤立的小点、毛刺，而不影响原来的图像，它的作用就是分离物体，消除小区域，语法格式如下所示。

```
cv2.morphologyEx(img,MORPH_ERODE,kenel)
```

其中 kenel 是核的大小，如果有一个小白点，先通过腐蚀操作将黑色区域腐蚀扩大，小白点就会被周围的黑色覆盖掉，再进行膨胀操作将白色区域膨胀扩大。如果小白点已经没有了，再进行膨胀操作，也不会影响到白色区域周围的黑色。对图 7-4 左侧图像进行开运算，示例代码如下所示。

```
import cv2 as cv
import numpy as np
src = cv.imread("./image/Y.png")
cv.imshow("src",src)

# 创建核结构
kenel = np.ones((5,5),dtype="uint8")

# 开运算
open = cv.morphologyEx(src,cv.MORPH_OPEN,kenel)
cv.imshow("open",open)
cv.waitKey()
cv.destroyAllWindows()
```

代码运行效果如图 7-4 所示。

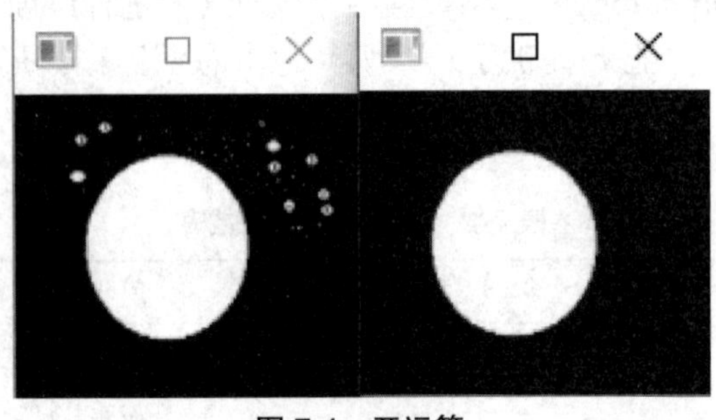

图 7-4　开运算

2. 闭运算

闭运算与开运算相反，是先膨胀后腐蚀，闭运算可以消除"闭合"物体里的孔洞，填充小对象，语法格式如下所示。

```
cv2.morphologyEx(img,cv.MORPH_CLOSE,kenel)
```

如果有一个小黑点，先通过膨胀操作将白色区域膨胀扩大，小黑点就会被周围的白色覆盖掉，再进行腐蚀操作将黑色区域腐蚀扩大。一旦小黑点已经没有了，再进行腐蚀操作，也不会影响到它周围的白色，示例代码如下所示。

```
import cv2 as cv
import numpy as np
```

```
src = cv.imread("./image/O.png")
cv.imshow("src",src)

# 创建核结构
kenel = np.ones((15,15),dtype="uint8")

# 闭运算
close = cv.morphologyEx(src,cv.MORPH_CLOSE,kenel)
cv.imshow("close",close)
cv.waitKey()
cv.destroyAllWindows()
```

闭运算效果如图 7-5 所示。

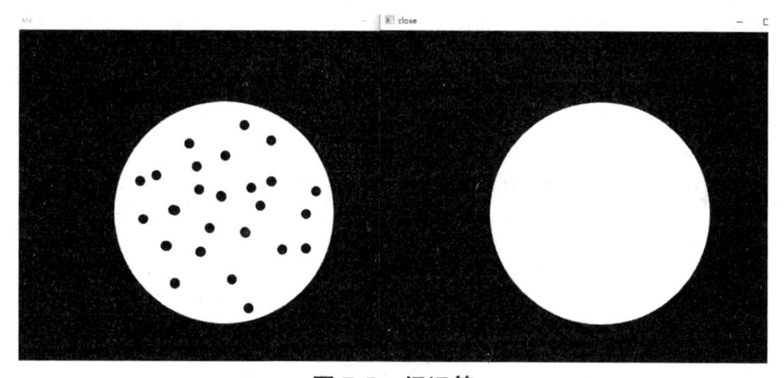

图 7-5　闭运算

3. 顶帽运算

顶帽是原始图像与开运算图像之间的差值图像，它一般用来分离比邻近点亮一些的斑块，当一幅图具有大幅背景、而微小物品比较有规律时，可以使用顶帽运算进行背景提取，语法格式如下所示。

```
cv2.morphologyEx(src,cv.MORPH_TOPHAT,kenel)
```

顶帽运算示例代码如下所示。

```
import cv2 as cv
import numpy as np
src = cv.imread("./image/C.png")
cv.imshow("src",src)
# 创建核结构
kenel = np.ones((15,15),dtype="uint8")
# 顶帽运算
TOP = cv.morphologyEx(src,cv.MORPH_TOPHAT,kenel)
cv.imshow("TOP",TOP)
```

```
cv.waitKey()
cv.destroyAllWindows()
```

代码运行效果如图 7-6 所示。

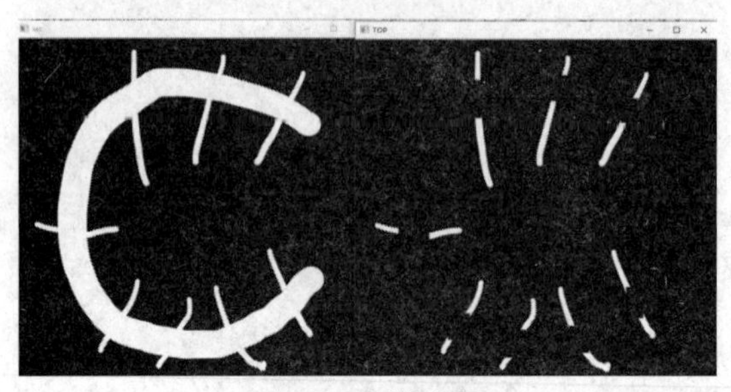

图 7-6 顶帽运算

4. 黑帽运算

黑帽是原始图像与闭运算图像之间的差值图像，黑帽运算后的效果图突出了比原图轮廓周围的区域更暗的区域，且这一操作与选择的核的大小有关，一般用来分离比邻近点暗一些的斑块，语法格式如下所示。

```
cv2.morphologyEx(src,cv.MORPH_BLACKHAT,kenel)
```

黑帽运算示例代码如下所示。

```
import cv2 as cv
import numpy as np
src = cv.imread("./image/O.png")
cv.imshow("src",src)

# 创建核结构
kenel = np.ones((15,15),dtype="uint8")

# 黑帽运算
BLACK = cv.morphologyEx(src,cv.MORPH_BLACKHAT,kenel)
cv.imshow("BLACK",BLACK)
cv.waitKey()
cv.destroyAllWindows()
```

代码运行效果如图 7-7 所示。

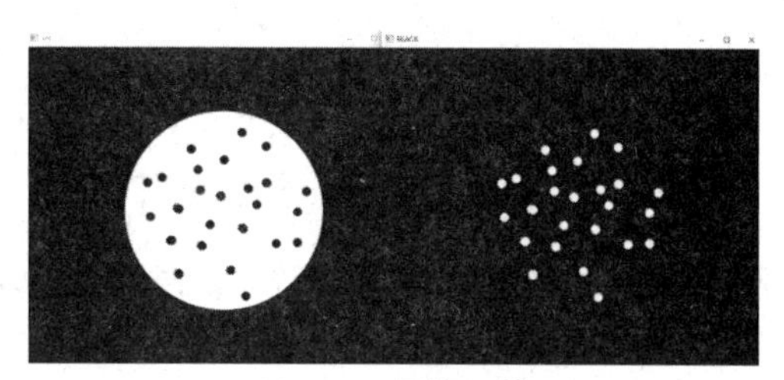

图 7-7　黑帽运算

5. 梯度运算

梯度运算是用图像的膨胀图像减腐蚀图像的操作，该操作可以获取原始图像中前景图像的边缘，语法格式如下所示。

```
cv2.morphologyEx(src,cv.MORPH_GRADIENT,kenel)
```

梯度运算示例代码如下所示。

```
import cv2 as cv
import numpy as np
src = cv.imread("./image/X.png")
cv.imshow("src",src)
# 创建核结构
kenel = np.ones((15,15),dtype="uint8")
# 梯度运算
GRAD = cv.morphologyEx(src,cv.MORPH_GRADIENT,kenel)
cv.imshow("GRAD",GRAD)
cv.waitKey()
cv.destroyAllWindows()
```

代码运行效果如图 7-8 所示。

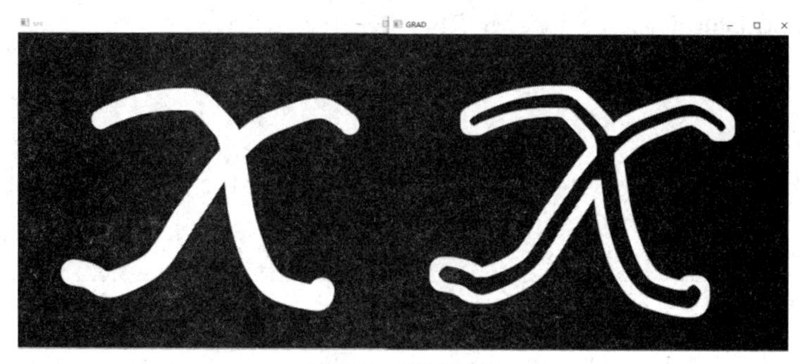

图 7-8　梯度运算

技能点 3　getStructuringElement 函数

在图像处理中，常需要构造一些特定形状的结构元素（structuring element，一种可以定义形态学操作的模板，它是一个由像素组成的矩阵，通常为正方形或圆形），进行形态学操作，如腐蚀、膨胀等。OpenCV 中的 cv2.getStructuringElement() 函数可以方便地生成不同形状和大小的结构元素，语法格式如下所示。

```
cv2.getStructuringElement (shape, ksize[,anchor])
```

参数说明见表 7-3。

表 7-3　形态学操作参数表

参数	说明
shape	shape 表示结构元素的形状，可取值如下。 ● cv2.MORPH_RECT：矩形结构元素 ● cv2.MORPH_CROSS：十字形结构元素 ● cv2.MORPH_ELLIPSE：椭圆形结构元素
ksize	结构元素的大小，可以是一个整数，也可以是一个包含两个整数的元组（height，width）
anchor	锚点的位置，即结构元素的中心位置，默认为 (-1，-1)，表示位于结构元素的中心。如果不指定，将自动设置为结构元素的中心点

使用 cv2.getStructuringElement() 函数生成各种形状的结构元素，示例代码如下所示。

```
import cv2 as cv
kenel1 = cv.getStructuringElement(cv.MORPH_RECT,(5,5))
kenel2 = cv.getStructuringElement(cv.MORPH_CROSS,(5,5))
kenel3 = cv.getStructuringElement(cv.MORPH_ELLIPSE,(5,5))
print(kenel1)
print(kenel2)
print(kenel3)
cv.waitKey()
cv.destroyAllWindows()
```

代码运行效果如图 7-9 所示。

```
[[1 1 1 1 1]      [[0 0 1 0 0]      [[0 0 1 0 0]
 [1 1 1 1 1]       [0 0 1 0 0]       [1 1 1 1 1]
 [1 1 1 1 1]       [1 1 1 1 1]       [1 1 1 1 1]
 [1 1 1 1 1]       [0 0 1 0 0]       [1 1 1 1 1]
 [1 1 1 1 1]]      [0 0 1 0 0]]      [0 0 1 0 0]]
```

图 7-9　不同形状的结构元素

通过以上学习，读者掌握了形态学操作的几种运算方法。为了巩固所学的知识，通过以下几个步骤，使用形态学操作实现提取图像中的水平与垂直线。

第一步：创建项目

创建 python 文件。引入 OpenCV 库，示例代码如下所示。

```
import cv2 as cv
```

第二步：读取图像

输入图像，将其转换为灰度图像并显示，示例代码如下所示。

```
src = cv.imread('./image/A.png')
gray = cv.cvtColor(src, cv.COLOR_BGR2GRAY)
cv.imshow("gray", gray)
```

代码运行效果如图 7-10 所示。

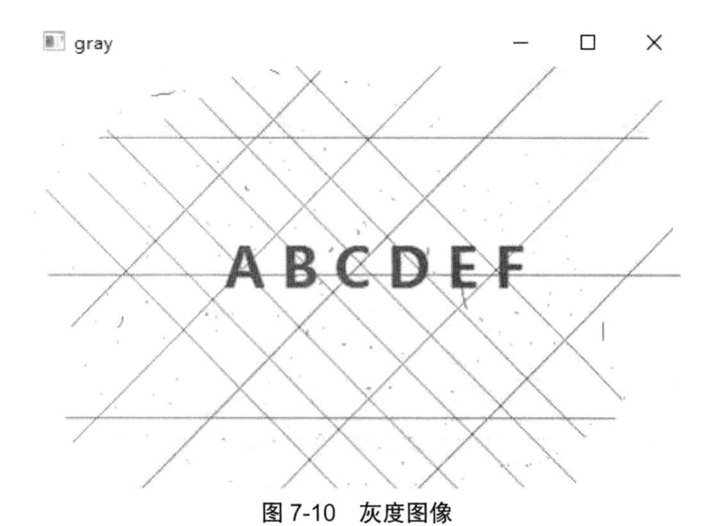

图 7-10　灰度图像

第三步：阈值处理

对图像进行 OTSU 阈值处理，得到二值化图像，示例代码如下所示。

```
ret,binary = cv.threshold(gray, 0,255,cv.THRESH_BINARY_INV+cv.THRESH_OTSU)
cv.imshow("binary", binary)
```

代码运行效果如图 7-11 所示。

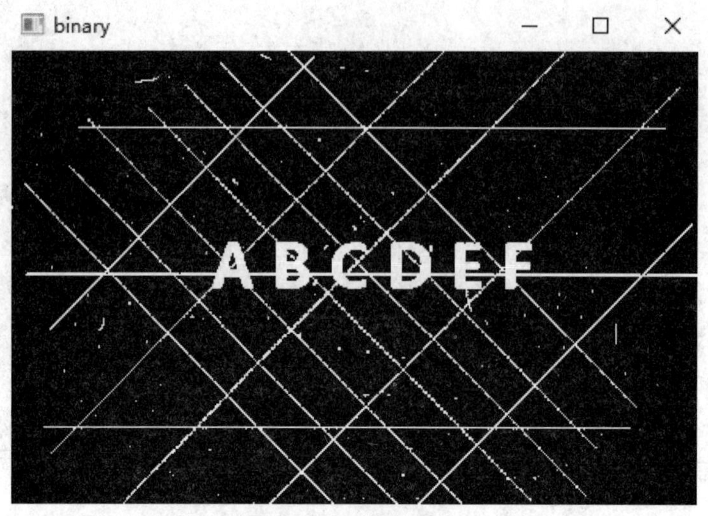

图 7-11 二值化图像

第四步：提取水平线

定义提取水平线的结构元素，通过形态学的开运算对图像先腐蚀再膨胀，最后进行按位非运算，提取到水平线，示例代码如下所示。

```
vline = cv.getStructuringElement(cv.MORPH_RECT, (15,1), (-1, -1))
dst = cv.morphologyEx(binary, cv.MORPH_OPEN, vline)
dst = cv.bitwise_not(dst)
cv.imshow("dst", dst)
```

代码运行效果如图 7-12 所示。

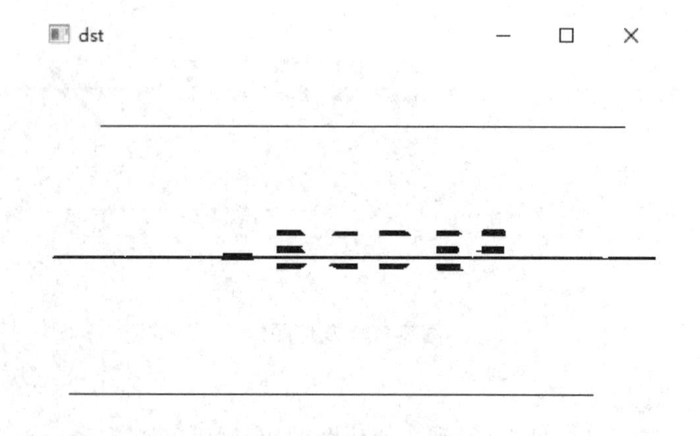

图 7-12 提取水平线

第五步：提取垂直线

先构建一个垂直方向的结构元素，运用形态学的开运算对图像先腐蚀再膨胀，最后进行按位非运算，提取到垂直线，示例代码如下所示。

```
hline = cv.getStructuringElement(cv.MORPH_RECT, (1,20), (-1, -1))
dst = cv.morphologyEx(binary, cv.MORPH_OPEN, hline)
dst = cv.bitwise_not(dst)
cv.imshow("dst", dst)
```

代码运行效果如图 7-13 所示。

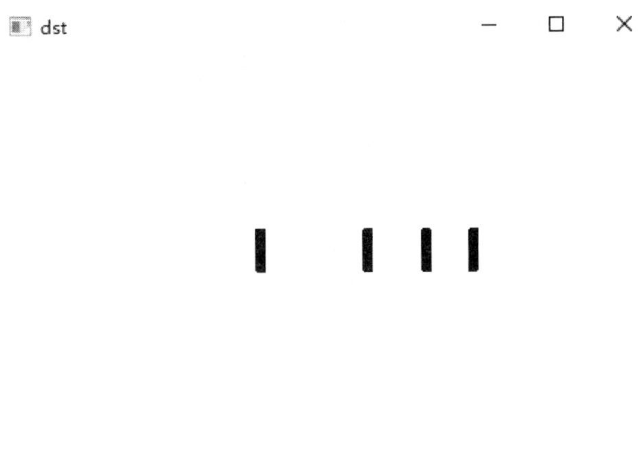

dst

图 7-13　提取垂直线

第六步：提取文字

要消除图中的线条，提取图中的字母，只要构建合适的结构元素即可。因为干扰线很细，先腐蚀后膨胀对字母没有影响，而对于这些细线，在腐蚀时就被处理掉了，示例代码如下所示。

```
kenel = cv.getStructuringElement(cv.MORPH_RECT, (5,3), (-1, -1))
dst = cv.morphologyEx(binary, cv.MORPH_OPEN, kenel)
dst = cv.bitwise_not(dst)
cv.imshow("dst", dst)
cv.waitKey(0)
cv.destroyAllWindows()
```

代码运行效果如图 7-14 所示。

图 7-14　提取文字

通过对本项目提取水平与垂直线的学习，读者熟悉了形态学操作的使用方法，学会了使用形态学操作去度量和提取图像中的对应形状来分析和识别图像。

erode	腐蚀
dilate	膨胀
iterations	迭代次数
morphology	形态学
gradient	梯度
top	顶
black	黑色
shape	形状
structuring	构建
element	元素

一、选择题

1. erode() 函数的功能是（　　）。

A. 腐蚀　　B. 膨胀

C. 开操作　　D. 闭操作

2. 形态学操作中用于梯度运算的参数是（　　）。

A. MORPH_CLOSE　　B. MORPH_TOPHAT

C. MORPH_GRADIEN　　D. MORPH_DILATE

3. 下列（　　）不属于开运算。

A. 先腐蚀再膨胀　　B. 分离物体

C. 先膨胀再腐蚀　　D. 消除小区域

4. 下列（　　）不属于闭运算的作用。

A. 闭运算能够填平前景物体内的小裂缝，而总的位置和形状不变

B. 不同结构元素的选择导致了不同的分割

C. 闭运算是通过填充图像的凹角来滤波图像的

D. 闭运算是一个基于几何运算的滤波器

（5）下列（　　）用来构建结构元素。

A. getStructuringElement() 函数　　B. morphologyEx() 函数

C. threshold() 函数　　D. dilate() 函数

二、简答题

1. 图像处理中，形态学操作的基本运算有哪些？

2. 简述形态学操作的应用。

项目八　图像滤波与特征检测

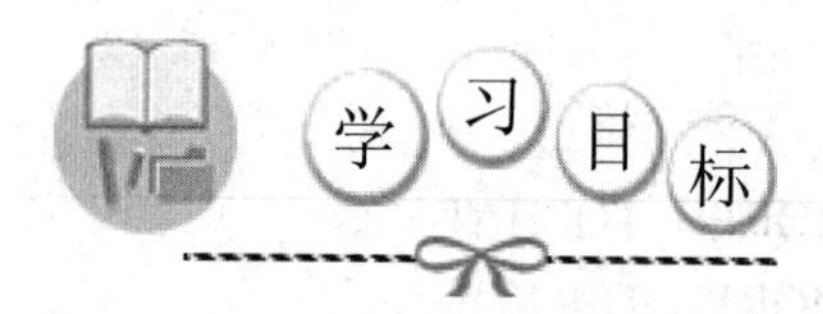

通过对图像滤波与特征检测的学习，读者可以了解图像的滤波处理，熟悉几种常用的滤波方式，掌握 Canny 边缘检测、轮廓处理、特征点检测以及模板匹配的使用方法，掌握使用图像滤波及特征检测提取特征图像的技能，在任务实施过程中：

- 了解图像的滤波；
- 熟悉图像的几种滤波方式；
- 掌握图像的特征检测；
- 掌握提取特征图像的技能。

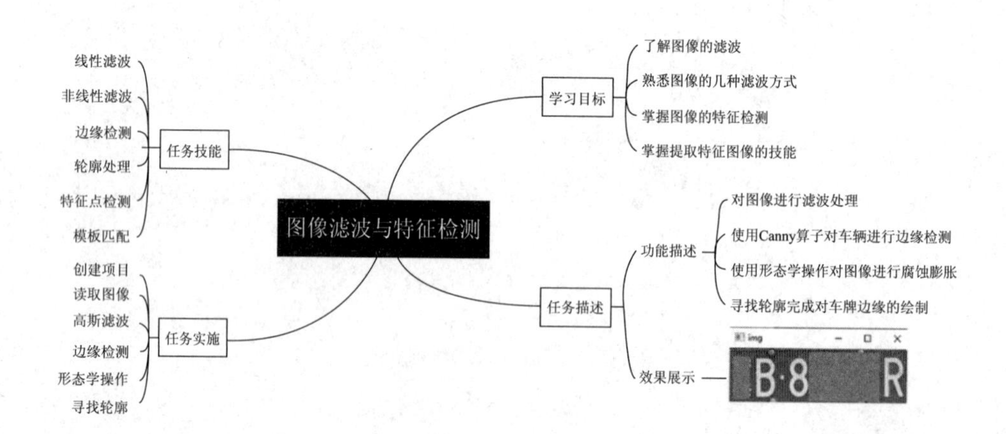

【情境导入】

随着社会的发展,机动车作为生活中一种重要的交通工具,数量不断增加。为了解决随之而来的一系列问题,可以对汽车车牌识别技术进行研究,使之应用于交通违章自动记录、高速自动收费、停车场自动识别等。通过对图像滤波和特征检测的学习,实现对车牌信息的提取。

【功能描述】

- 对图像进行滤波处理;
- 使用 Canny 算子对车辆进行边缘检测;
- 使用形态学操作对图像进行腐蚀膨胀;
- 寻找轮廓,完成对车牌边缘的绘制。

【效果展示】

通过对本项目的学习,读者能够使用图像滤波和边缘检测等相关知识,实现对车牌信息的提取,效果如图 8-1 所示。

图 8-1　车牌信息提取

课程思政:从汽车变迁,看中国制造

汽车现在给大家的感觉很普通,很多家庭都拥有自己的家用汽车,可能还不止一辆,但是,大家可能不知道,在 20 世纪 80 年代,汽车还是一种奢侈品,是身份的象征,大多数汽车都是进口的,因为中国那时还没有能力生产家用汽车。中国汽车产业从无到有、从技术引进到自主研发、从传统油车到智能电车,不断突破,不断壮大,现在无论是汽车制造质量、产量,还是汽车技术研发都已经居世界前列。从这一点看,我们不得不慨叹中国制造真的是太强大了,中国制造的强大不仅仅体现在汽车产业;中国在航空航天、深海探测、智能制造、大型工程等诸多领域都已经跻身世界前列,这些成绩都是中国共产党领导全国人民团结一心、脚踏实地、努力拼搏干出来的。党的二十大报告提出,坚持把发展经济的着力点放在实体经济上，推进新型工业化，加快建设制造强国、质量强国、航天强国、交通强国、网络强国、数字中国。我们正处于一个历史变革的时代，我们将是历史的见证者，我们应当同时也是历史的创造者，拥抱时代，为这个时代留下我们浓墨重彩的一笔。

技能点 1 线性滤波

线性滤波是指对邻域中的像素进行的线性运算，例如利用窗口函数进行平滑加权求和的运算，或者某种卷积运算，都可以称为线性滤波。常见的线性滤波有均值滤波、高斯滤波、方框滤波等，通常线性滤波器之间的区别只是模板系数不同。

1. 均值滤波

均值滤波是指用当前像素点周围 $N*N$ 个像素值的均值来代替当前像素值，使用该方法遍历处理图像内的每一个像素点，即可完成整幅图像的均值滤波。均值滤波本身存在着固有的缺陷，它不能很好地保护图像细节，在图像去噪的同时也破坏了图像的细节部分，从而使图像变得模糊，不能很好地去除噪声点。OpenCV 中的 cv2.blur() 函数可以对图像进行均值滤波处理，语法格式如下所示。

```
cv2.blur(src,ksize,anchor,borderType)
```

参数说明见表 8-1。

表 8-1 blur() 函数参数表

参数	说明
src	待处理图像
ksize	卷积核的大小
anchor	锚点，默认值是 (-1，-1)，表示当前核的中心点位置
borderType	边界类型

使用均值滤波对一张带有噪声的图片进行滤波处理，将图像中的噪声过滤掉，原图如图 8-2 所示，示例代码如下所示。

图 8-2　原始图像

```
import cv2 as cv
src = cv.imread("./image/11.png")
# 均值滤波
img = cv.blur(src,(5,5))
cv.imshow("img",img)
cv.waitKey()
cv.destroyAllWindows()
```

代码运行效果如图 8-3 所示。

图 8-3　均值处理后的图像

2. 高斯滤波

高斯滤波会将中心点的权重值加大，远离中心点的权重值减小，在此基础上计算邻域内各个像素值不同权重的和。OpenCV 中的 cv2.GaussianBlur() 函数可以对图像进行高斯滤波，语法格式如下所示。

```
cv2.GaussianBlur(src,ksize,sigmaX,sigmaY,borderType)
```

参数说明见表 8-2。

表 8-2 blur() 函数参数表

参数	说明
sigmaX	卷积核在水平方向上的标准差，其控制的是权重比例
sigmaY	卷积核在垂直方向上（Y 轴方向）的标准差。如果将该值设置为 0，表示与 sigmaX 相同

对图 8-2 进行高斯滤波，示例代码如下所示。

```
import cv2 as cv
src = cv.imread("./image/11.png")
# 高斯滤波
img = cv.GaussianBlur(src,(5,5),0)
cv.imshow("img",img)
cv.waitKey()
cv.destroyAllWindows()
```

代码运行效果如图 8-4 所示。

图 8-4 高斯滤波

3. 方框滤波

方框滤波与均值滤波的不同在于方框滤波不计算像素均值。在均值滤波中，滤波结果的像素值是任意一个点的邻域平均值，等于各邻域像素值之和除以邻域面积。而在方框滤波中，可以自由选择是否对均值滤波的结果进行归一化，即可以自由选择滤波结果是邻域像素值之和的平均值，还是邻域像素值之和。OpenCV 中的 cv2.boxFilter() 函数可以对图像进行方框滤波处理，语法格式如下所示。

```
cv2.boxFilter( src, ksize, anchor, borderType )
```

对图 8-2 进行方框滤波，示例代码如下所示。

```
import cv2 as cv
src = cv.imread("./image/11.png")
# 高斯滤波
img = cv.boxFilter(src,-1,(10,10),normalize=1)
cv.imshow("img",img)
cv.waitKey()
cv.destroyAllWindows()
```

代码运行效果如图 8-5 所示。

图 8-5　方框滤波

技能点 2　非线性滤波

非线性滤波（Non-linear Filtering）是一种图像滤波方法，与线性滤波不同的是，它不是简单地对图像进行加权平均或其他线性变换，而是通过对图像中的像素值进行排序或其他非线性操作来实现去噪、边缘保留等效果。常用的非线性滤波算法有中值滤波、双边滤波等。

1. 中值滤波

中值滤波是最经典、应用最广泛的非线性滤波算法之一。它的基本思想是将每个像素的灰度值替换为该像素周围一定范围内（如一个正方形或圆形的邻域）所有像素的灰度值的中位数。由于中值滤波是基于排序的，因此能够有效地去除图像中的噪声等离群点，同时又不会损失图像的细节信息。OpenCV 中的 cv2.medianBlur() 函数可以对图像进行中值滤波，语法格式如下所示。

```
cv2.medianBlur(src, ksize )
```

其中，src 表示输入的源图像，ksize 表示核的大小，必须为正奇数。

对图 8-2 进行中值滤波，示例代码如下所示。

```
import cv2 as cv
src = cv.imread("./image/11.png")
# 中值滤波
img = cv.medianBlur(src,3)
cv.imshow("img",img)
cv.waitKey()
cv.destroyAllWindows()
```

代码运行效果如图 8-6 所示。

图 8-6　中值滤波

2. 双边滤波

双边滤波（Bilateral Filtering）是一种非线性滤波算法，常用于图像降噪和平滑处理。与中值滤波不同的是，双边滤波可以在保留图像边缘细节信息的同时去除噪声。OpenCV 中的 cv2.bilateralFilter() 函数可以对图像进行双边滤波，语法格式如下所示。

```
cv2.bilateralBlur( src, d, sigmaColor, sigmaSpace, borderType)
```

参数说明见表 8-3。

表 8-3　bilateralFilter() 函数参数表

参数	说明
src	待处理图像
d	*d* 是空间距离参数，这里表示以当前像素点为中心的直径。如果其为非正数，则会自动从参数 sigmaSpace 计算得到。如采滤波空间较大（*d*>5），则速度较慢。因此，在实际应用中推荐 *d*=5。对于较大噪声的离线滤波，可选择 *d*=9
sigmaColor	滤波处理时选取的颜色差值范围，该值决定了周围哪些像素点能够参与到滤波中来。与当前像素点的像素值差值小于 sigmaColor 的像素点，能够参与到当前滤波中。该值越大，就说明周围有越多的像素点可以参与到运算中。该值为 0 时，失去意义；该值为 255 时，指定直径内的所有点都能够参与运算
sigmaSpace	坐标空间中的 sigma 值。它的值越大，说明有越多的点能够参与到滤波计算中。当 *d*>0 时，无论 sigmaSpace 的值如何，*d* 都指定邻域大小；否则，*d* 与 sigmaSpace 的值成比例
borderType	边界类型

对图 8-2 进行双边滤波，示例代码如下所示。

```
import cv2 as cv
src = cv.imread("./image/gorilla.png")
# 中值滤波
img = cv.bilateralFilter(src,25,200,200)
cv.imshow("img",img)
cv.waitKey()
cv.destroyAllWindows()
```

代码运行效果如图 8-7 所示。

图 8-7 双边滤波

技能点 3 边缘检测

边缘在人类视觉和计算机视觉中均起着重要的作用。边缘检测算法是指利用灰度值的不连续性，以灰度突变为基础分割出目标区域。对铝铸件表面进行成像后会产生一些带缺陷的区域，这些区域的灰度值比较低，与背景图像相比在灰度上会有突变，这是由于光照到这些区域产生散射引起的。因此边缘检测算子可以用来提取事物特征，人类仅凭一张背景剪影或一个草图就能识别出事物类型和姿态。

1. Canny 边缘检测

Canny 边缘检测是一种被广泛使用的算法，并被认为是边缘检测最优的算法，使用 Canny 边缘检测算法分为以下 4 个方面。

（1）图像降噪。通过使用合适的模糊半径执行高斯模糊来减少图像噪声。

（2）计算图像梯度。计算图像的梯度，并将梯度分类为垂直、水平和斜对角。主要用于后面计算真正的边缘。

（3）非最大值抑制。利用计算出来的梯度方向，检测某一像素在梯度的正方向和负方向上是否是局部最大值，如果是，则抑制该像素，也就是像素不属于边缘。这是一种边缘细化技术，用最急剧的变换选出边缘点。

（4）阈值筛选。检查某一条边缘是否明显到足以作为最终结果输出，最后去除所有不明显的边缘。

在 OpenCV 中，可以使用 canny() 函数进行边缘检测，语法格式如下所示。

```
canny = cv2.Canny(image, threshold1, threshold2[, edges[, apertureSize[, L2gradient ]]])
```

参数说明见表 8-4。

表 8-4　Canny() 函数参数表

参数	说明
image	要检测的图像（灰度图像）
threshold1	较小的阈值，将间断的边缘连接起来
threshold2	较大的阈值，检测图像中明显的边缘
edges	图像边缘信息
apertureSize	sobel 算子大小 (通常为 3×3，取值为 3)
L2gradient	计算图像梯度幅度 (gradient magnitude) 的标识。其默认值为 False。如果为 True，则使用更精确的 L2 范数进行计算 (即两个方向的导数的平方和再开方)，否则使用 L1 范数 (将两个方向导数的绝对值相加)

使用 canny() 函数进行边缘检测，只需指定最大和最小阈值即可，其中较大的阈值用于检测图像中明显的边缘，边缘检测出来是断断续续的。所以较小的第一个阈值用于将这些间断的边缘连接起来。使用 canny() 函数进行 canny 边缘检测，示例代码如下所示。

```
import cv2 as cv
src = cv.imread("./image/bm.jpg",0)
cv.imshow("src",src)
#Canny 边缘检测
img = cv.Canny(src,50,150)
cv.imshow("img",img)
cv.waitKey()
cv.destroyAllWindows()
```

代码运行效果如图 8-8 所示。

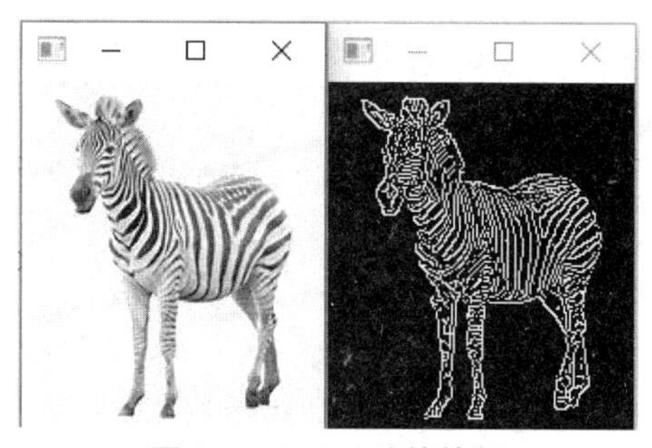

图 8-8　Canny 边缘检测

2. Sobel 算子

Sobel 算子边缘检测是高斯平滑与微分操作的结合体，所以它的抗噪声能力强，用途较多，尤其是效率要求较高，对于一个彩色图需要先把它转换为灰度图，再使用 Sobel 算子进行边缘检测，语法格式如下所示。

```
cv.Sobel(src,ddepth,dx,dy,dst,ksize,scale,delta,norderType)
```

参数说明见表 8-5。

表 8-5 Sobel() 函数参数表

参数	说明
ddepth	图像深度
dx	*x* 方向上的差分阶数
dy	*y* 方向上的差分阶数
dst	输出图像，需要和原图片有一样的尺寸和类型
ksize	Sobel 算子的大小，即卷积核的大小，必须为奇数 1、3、5、7，默认为 3
scale	缩放导数的比例常数，默认情况为没有伸缩系数
delta	表示在结果存入目标图之前可选的 delta 值，有默认值 0
borderType	图像边界模式

注：Sobel 建立的图像位数不够，会有截断，因此要使用 16 位有符号的数据类型，即 cv.CV_16S。而原图像是 uint8，即 8 位无符号数，所以处理完图像后，需要再使用 cv.convertScaleAbs() 函数将其转换为原来的 uint8 格式，否则图像无法显示。最后还需要用 cv.addWeighted() 函数将其混合起来。

使用 Sobel 算子进行边缘检测，示例代码如下所示。

```
import cv2 as cv
src = cv.imread("./image/bm.jpg",0)
cv.imshow("src",src)
#Sobel 算子
x = cv.Sobel(src,cv.CV_16S,1,0)
y = cv.Sobel(src,cv.CV_16S,0,1)
# 格式转换
absx = cv.convertScaleAbs(x)
absy = cv.convertScaleAbs(y)
# 混合
img = cv.addWeighted(absx,0.5,absy,0.5,0)
cv.imshow("img",img)
cv.waitKey()
cv.destroyAllWindows()
```

代码运行效果如图 8-9 所示。

图 8-9　Sobel 边缘检测

3. Scharr 算子

虽然 Sobel 算子可以有效地提取图像边缘，但是对图像中较弱的边缘提取效果较差。所以为了能够有效地提取出较弱的边缘，需要将像素值间的差距增大。引入 Scharr 算子是对 Sobel 算子差异性的增强，因此两者在检测图像边缘的原理和使用方式上相同，并且，函数 Scharr() 和 Sobel() 非常相似，在使用上也是完全一样的，语法格式如下所示。

```
Scharr(src, ddepth, dx, dy, dst, scale, delta, borderType)
```

使用 Scharr 算子进行边缘检测，示例代码如下所示。

```
import cv2 as cv
src = cv.imread("./image/bm.jpg",0)
cv.imshow("src",src)
#Sobel 算子
x = cv.Scharr(src,cv.CV_16S,1,0)
y = cv.Scharr(src,cv.CV_16S,0,1)
# 格式转换
absx = cv.convertScaleAbs(x)
absy = cv.convertScaleAbs(y)
# 混合
img = cv.addWeighted(absx,0.5,absy,0.5,0)
cv.imshow("img",img)
cv.waitKey()
cv.destroyAllWindows()
```

代码运行效果如图 8-10 所示。

图 8-10 Scharr 边缘检测

4. Laplacian 算子

Laplacian 算子边缘检测能够对任意方向的边缘进行提取，使用其进行边缘检测不需要分别检测 x 和 y 方向的边缘，只需进行一次边缘检测即可，使用 Laplacian 算子进行边缘检测，语法格式如下所示。

```
cv.Laplacian(src,ddepth[,dst[,ksize[,scale[,delta[,borderType]]]]])
```

参数说明见表 8-6。

表 8-6 Laplacian() 函数参数表

参数	说明
ddepth	图像深度
dst	输出图像，需要和原图片有一样的尺寸和类型
ksize	滤波器核的大小，必须为正奇数，默认为 1
scale	缩放导数的比例常数，默认为 1，表示不进行缩放
delta	表示在结果存入目标图之前可选的 delta 值，有默认值 0
borderType	默认为 BORDER_DEFAULT，表示不包含边界值倒序填充

使用 Laplacian 算子进行边缘检测，示例代码如下所示。

```
import cv2 as cv
import matplotlib.pyplot as plt
src = cv.imread("./image/bm.jpg",0)
cv.imshow("src",src)
#Laplacian 边缘检测
img = cv.Laplacian(src,cv.CV_16S)

# 格式转换
```

```
img = cv.convertScaleAbs(img)

cv.imshow("img",img)
cv.waitKey()
cv.destroyAllWindows()
```

代码运行效果如图 8-11 所示。

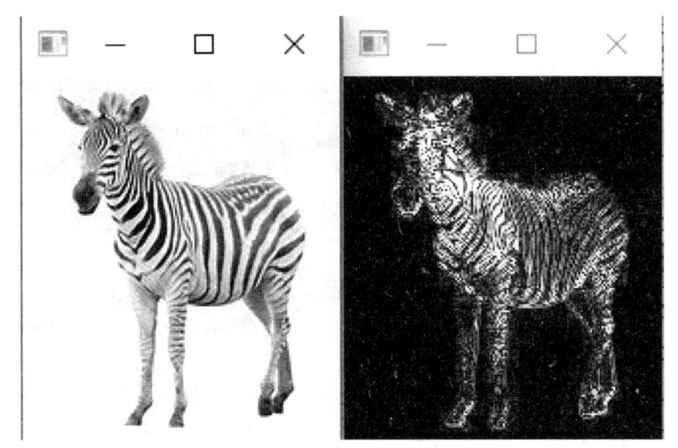

图 8-11　Laplacian 边缘检测

技能点 4　轮廓处理

边缘检测能够测出边缘，但是边缘是不连续的，只有将边缘连接为一个整体，才能构成轮廓。轮廓是一系列相连的点组成的曲线，代表了物体的基本外形，相对于边缘，轮廓是连续的，边缘并不全部连续。所以轮廓也就是连接具有相同颜色或强度的所有连续点的曲线，是用于形状分析以及对象检测和识别的有用的工具。

1. 获取图像轮廓

为了能够实现轮廓的绘制，首先需要找到图中含有轮廓的地方，可以使用 OpenCV 中的 cv2.findContours() 函数来获取图片的轮廓，语法格式如下所示。

```
contours, hierarchy = cv2. findContours( image, mode,method)
```

参数说明见表 8-7。

表 8-7　findContours() 函数参数表

参数	说明
contours	返回的轮廓
hierarchy	图像的轮廓层次

续表

参数	说明
image	原始图像（二值化）
mode	轮廓查找的方法，可选值如下。 ● cv2.RETR_EXTERNAL：只检测最外部的轮廓 ● cv2.RETR_LIST：检测所有的轮廓，并将其保存到一条链表中 ● cv2.RETR_CCOMP：检测所有的轮廓，并将其组织为两级层次结构 ● cv2.RETR_TREE：检测所有的轮廓，并将其组织为树形结构
method	轮廓的近似方法，可选值如下。 ● cv2.CHAIN_APPROX_NONE：存储所有的边界点，可能会出现冗余点 ● cv2.CHAIN_APPROX_SIMPLE：仅存储水平、垂直和对角线的端点，共 4 个点 ● cv2.CHAIN_APPROX_TC89_L1 / cv2.CHAIN_APPROX_TC89_KCOS：使用 Teh-Chin 靠近算法中的 L1 或 kcos 方法进行逼近

使用 cv2.findContours() 函数寻找图 8-12 的轮廓，示例代码如下所示。

```
import cv2 as cv
src = cv.imread("./image/contours.png")
gray = cv.cvtColor(src, cv.COLOR_BGR2GRAY)
# 转换为灰度图像
ret, binary = cv.threshold(gray, 150,200, cv.THRESH_BINARY)
# 将图像二值化
# 查找图像轮廓
image, contours, hierarchy = cv.findContours(binary, cv.RETR_TREE
# 获取完整的轮廓
cv.CHAIN_APPROX_SIMPLE)
# 表示用尽可能少的像素点表示轮廓
print(" 图中的轮廓数：")
print(len(contours))
# 打印出获取到的轮廓
```

代码运行效果如图 8-13 所示。

图 8-12 原图

图中的轮廓数：
3

图 8-13　寻找到的轮廓数

2. 绘制轮廓

OpenCV 中的 cv2.drawContours() 函数可以用来绘制寻找到的图片轮廓，语法格式如下所示。

```
image=cv2.drawContours(image,contours,contourIdx,color[,thickness[,lineType[,hierarchy[,
maxLevel [, offset] ] ] ] ] )
```

参数说明见表 8-8。

表 8-8　drawContours() 函数参数表

参数	说明
image	待绘制轮廓的图像
contours	寻找得到的轮廓
contourIdx	需要绘制的边缘索引，-1 表示绘制全部轮廓
color	绘制轮廓的颜色
thickness	绘制轮廓的粗细
lineType	绘制轮廓所用的线型
hierarchy	所输出的层次信息
maxLevel	控制所绘制的轮廓层次的深度

用 cv.2drawContours() 函数进行图片轮廓的绘制，示例代码如下所示。

```
import cv2 as cv
src = cv.imread("./image/contours.png")
gray = cv.cvtColor(src, cv.COLOR_BGR2GRAY)  # 转换为灰度图像
ret, binary = cv.threshold(gray, 150,200, cv.THRESH_BINARY)  # 将图像二值化
# 查找图像轮廓
contours, hierarchy = cv.findContours(
    binary,
    cv.RETR_EXTERNAL, # 获取外部轮廓
    cv.CHAIN_APPROX_SIMPLE)
# 绘制轮廓
img = cv.drawContours(src, contours, -1, (0, 0, 255), 5)
cv.imshow("original", src)
cv.imshow("result", img)
```

```
cv.waitKey()
cv.destroyAllWindows()
```

代码运行效果如图 8-14 所示。

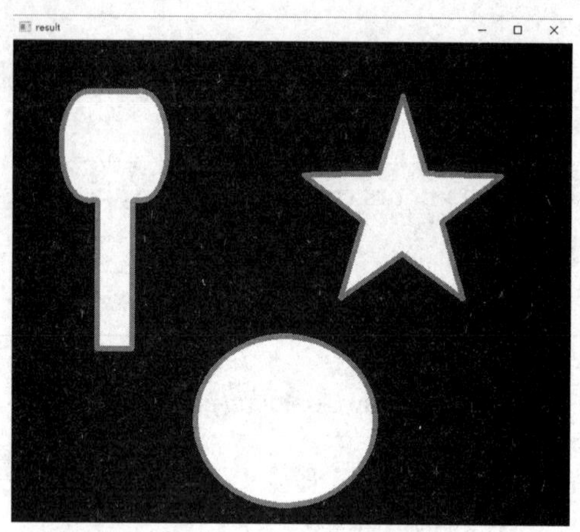

图 8-14 绘制图像轮廓

3. 轮廓的特征

轮廓的特征包括它的面积、周长、质心、边界框等。在 Opencv 中，有很多函数可以用来计算图像的轮廓特征，常用函数见表 8-9。

表 8-9 提取轮廓特征函数表

函数	说明
minAreaRect()	最小外接矩形
boundingRect()	外部矩形边界
minEnclosingCircle()	最小外接圆形
fitEillipse()	用椭圆拟合二维点集
ApproxPolyDP()	用指定精度逼近多边形曲线
contourArea()	计算轮廓的面积
arcLength()	计算封闭轮廓的周长或曲线的长度

使用表 8-9 的相关函数来绘制图 8-15 的外接矩形、外接圆，示例代码如下所示。

```
import cv2 as cv
import numpy as np
img = cv.imread("./image/X.png")
gray = cv.cvtColor(img, cv.COLOR_BGR2GRAY)   # 转换为灰度图像
ret,binary = cv.threshold(gray,127,255,cv.THRESH_BINARY)   # 将图像二值化
```

```
contours,hierarchy = cv.findContours(binary,
cv.RETR_LIST,# 获取所有轮廓
cv.CHAIN_APPROX_SIMPLE    # 存储轮廓方式 )
```

原始图片如图 8-15 所示。

图 8-15　原始图像

寻找图 8-15 的轮廓后，根据轮廓绘制一个矩形外接框，示例代码如下所示。

```
# 根据轮廓生成矩形包围框轮廓
x,y,w,h, = cv.boundingRect(contours[0])
# 计算轮廓坐标
con = np.array([[[x,y]],[[x+w,y]],[[x+w,y+h]],[[x,y+h]]])
cv.drawContours(img, [con], -1, (255, 255, 255), 2)
cv.imshow("img",img)
cv.waitKey()
cv.destroyAllWindows()
```

代码运行效果如图 8-16 所示。

图 8-16　绘制矩形外接框

用 minEnclosingCircle() 函数来绘制 8-15 的外接圆，示例代码如下所示。

```
# 根据轮廓生成最小包围圆框轮廓
(x,y),radius = cv.minEnclosingCircle(contours[0])
# 类型转换
```

```
center = (int(x),int(y))
radius = int(radius)
# 绘制圆形
cv.circle(img, center,radius, (255, 255, 255), 2)
cv.imshow("img",img)
cv.waitKey()
cv.destroyAllWindows()
```

代码运行效果如图 8-17 所示。

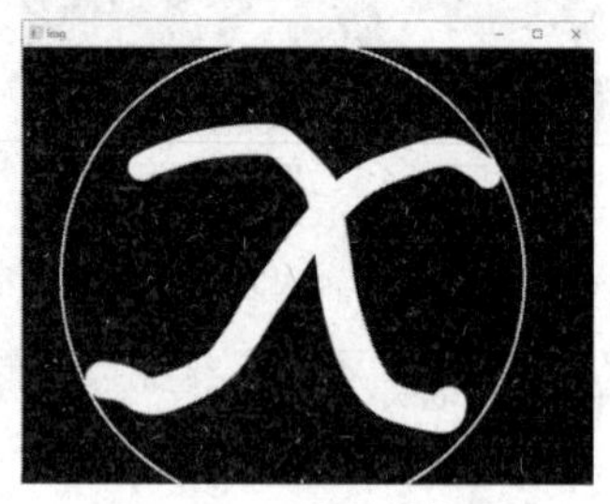

图 8-17 绘制外接圆

4 轮廓拟合

轮廓拟合可以将轮廓形状拟合到另外一种由更少点组成的轮廓形状，在 OpenCV 中，可通过 approxPolyDP() 函数来实现，语法格式如下所示。

```
cv.approxPolyDP(curve,epsilon,closed)
```

参数说明见表 8-10。

表 8-10 approxPolyDP() 函数参数表

参数	说明
curve	轮廓
epsilon	精度，原始轮廓的边界点与逼近多边形边界之间的最大距离
closed	布尔类型，该值为 true 时，逼近多边形是封闭的；否则，逼近多边形是不封闭的

用 approxPolyDP() 函数对图像进行轮廓拟合，示例代码如下所示。

```
# 精度
adp = img.copy()    # 复制图像数据
epsilon = 0.001*cv.arcLength(contours[0],True) # 轮廓是否封闭
# 生成多边形数据
approx = cv.approxPolyDP(contours[0],epsilon,True)
# 绘制多边形
img1 = cv.drawContours(adp,[approx],-1,(0,0,255),2)
```

```
cv.imshow("img1",img1)
cv.waitKey()
cv.destroyAllWindows()
```

代码运行效果如图 8-18 所示。

图 8-18　轮廓拟合

技能点 5　特征点检测

在 OpenCV 中，特征点可以称为兴趣点或者角点，即图像的极值点、线段的终点、曲线曲率最大的点、水平或者垂直方向上属性最大的点等，这些特征点是图像很重要的特征，对图像图形的理解和分析有着很重要的作用。

特征点检测就是对有具体定义的、或是能具体检测出来的特征点进行检测。目前检测方法有很多，具体分为三大类，分别是基于灰度图像的角点检测、基于二值图像的角点检测、基于轮廓曲线的角点检测。提取检测图像的特征点是图像领域中的关键任务，不管是在传统领域还是在深度学习领域，特征代表着图像的信息，对于分类、检测任务都是至关重要的。

1. Harris 角点检测

Harris 角点检测是通过图像的局部的小窗口观察图像，角点的特征是窗口沿任意方向移动都会导致图像灰度的明显变化。用 OpenCV 中的 cv2.cornerHarris() 函数进行 Harris 角点检测，语法格式如下所示。

```
cv2.cornerHarris(src,blockSize,ksize,k)
```

参数说明见表 8-11。

表 8-11 approxPolyDP() 函数参数表

参数	说明
blockSize	检测窗口的大小
k	权重系数，一般取（0.04，0.06）

使用 cv2.cornerHarris() 函数进行 Harris 角点检测，示例代码如下所示。

```
import cv2 as cv
import numpy as np
import matplotlib.pyplot as plt
src = cv.imread("./image/tree.jpg")
gray = cv .cvtColor(src,cv.COLOR_BGR2GRAY)
# 灰度图转换
gray = np.float32(gray)
# Harris 角点检测
dst = cv.cornerHarris(gray,2,3,0.04)
src[dst>0.001*dst.max()] = [0,0,255]
# 设置阈值，将角点绘制出来，阈值根据图像进行选择
#plt.figure(figsize=(10,10))
#plt.imshow(src)
cv.imshow("src",src)
cv.waitKey()
cv.destroyAllWindows()
```

代码运行效果如图 8-19 所示。

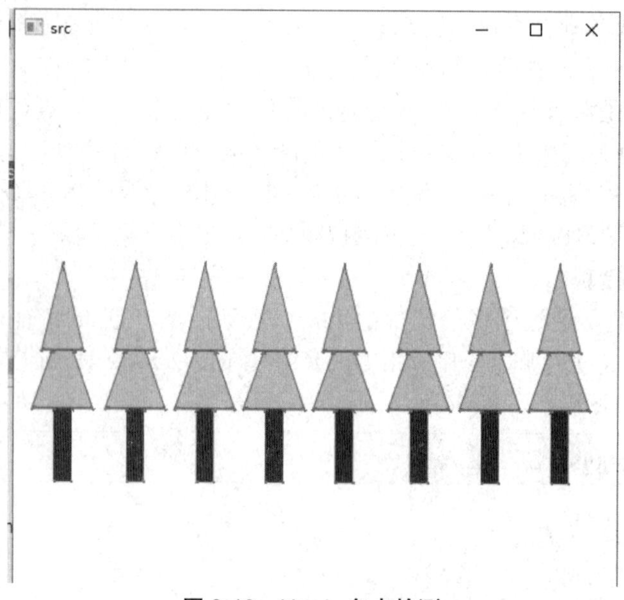

图 8-19 Harris 角点检测

2. Shi-Tomasi 角点检测

Shi-Tomasi 角点检测是 Harris 角点检测的改进，能够更好地检测角点。在 Harris 角点检测中需要知道 k 值，而在 Shi-Tomasi 中则不需要。用 OpenCV 中的 cv2.goodFeaturesToTrack() 函数来进行 Shi-Tomasi 角点检测，语法格式如下所示。

```
cv2.goodFeaturesToTrack(image,maxcorners,qualityLevel,minDistance,[,corners[,mask[,
blocksize[,useHarrisDetector[,k]]]]])
```

参数说明见表 8-12。

表 8-12　matchTemplate() 函数参数表

参数	说明
maxCorners	角点的最大数量，值为 0 表示所有
qualityLevel	角点的质量水平，一般在 0.01~0.1 之间
minDistance	角点之间最小欧氏距离，避免得到相邻特征点

使用 cv2.goodFeaturesToTrack() 函数来进行 Shi-Tomasi 角点检测，示例代码如下所示。

```
import cv2 as cv
import numpy as np
img = cv.imread("./image/tree.jpg")
gray = cv.cvtColor(img, cv.COLOR_BGR2GRAY)
#Shi-Tomasi 角点检测
corners = cv.goodFeaturesToTrack(gray, 1000, 0.01, 10)
corners = np.int0(corners)
for i in corners:
    x, y = i.ravel()              # 数组降维成一维数组
    cv.circle(img, (x, y), 3, (0, 0, 255), -1)
cv.imshow('img', img)
cv.waitKey(0)
cv.destroyAllWindows()
```

代码运行效果如图 8-20 所示。

3. SIFT 关键点检测

Harris 角点检测具有旋转不变性，也就是旋转图像并不会影响检测效果；但其并不具备缩放不变性，即缩放大小会影响角点检测的效果，这时，可以使用 SIFT 关键点检测。在实现时需要先创建 SIFT 实例化对象，之后使用 detect() 函数进行 SIFT 关键点检测，也可以使用 detecAndCompute() 函数同时检测关键点和描述符并计算，语法格式如下所示。

图 8-20 Shi-Tomasi 角点检测

```
sift = cv.xfeatures2d.SIFT_creat()
kp = sift.detect(gray, None)
kp,des = sift.detecAndCompute(gray,None)
```

这里，返回值 kp 表示关键点信息，包括位置、尺度、方向。des 表示关键点描述符，每个关键点对应 128 个梯度信息的特征向量。这时，可以使用 drawKeypoints() 函数将检测到的关键点结果绘制在图像上。语法格式如下所示。

```
cv.drawKeypoints(image,keypoints,outputimage,color,flags)
```

参数说明见表 8-13。

表 8-13 drawKeypoints() 函数参数表

参数	说明
image	输入的原图像
keypoints	关键点信息，将其绘制在图像上
outputimage	输出图片，可以是原始图像
color	颜色
flags	绘图功能的标识设置

其中 flags 标识设置的方法有以下几种，具体见表 8-14。

表 8-14 flags 标识设置表

方式	说明
DRAW_MATCHES_FLAGS_DEFAULT	创建输出图像矩阵，使用现存的输出图像绘制匹配对和特征点，对每一个关键点只绘制中间点

续表

方式	说明
DRAW_MATCHES_FLAGS_DRAW_OVER_OUTIMG	不创建输出图像矩阵，而是在输出图像上绘制匹配对
DRAW_MATCHES_FLAGS_DRAW_RICH_KEYPOINTS	对每一个特征点绘制带大小和方向的关键点图形
DRAW_MATCHES_FLAGS_NOT_DRAW_SINGLE_POINTS	单点的特征点不被控制

使用 drawKeypoints() 函数进行 SIFT 关键点检测，示例代码如下所示。

```
import cv2 as cv
import numpy as np
import matplotlib.pyplot as plt
img = cv.imread("./image/dog.jpg")
gray = cv.cvtColor(img,cv.COLOR_BGR2GRAY)
#sift 关键点检测
sift = cv.xfeatures2d.SIFT_create()  # 创建实例化 sift 对象
kp,des = sift.detectAndCompute(gray,None)      # 关键点检测
cv.drawKeypoints(img,kp,img,flags=cv.DRAW_MATCHES_FLAGS_DRAW_RICH_
KEYPOINTS)  # 在图像上绘制检测结果
cv.imshow("img",img)
cv.waitKey()
cv.destroyAllWindows()
```

代码运行效果如图 8-21 所示。

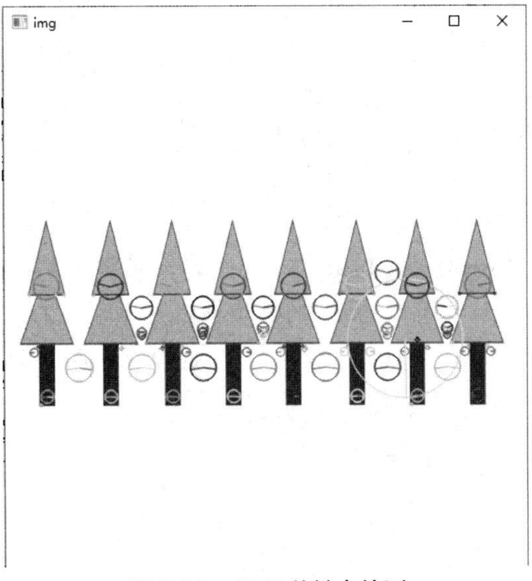

图 8-21　SIFT 关键点检测

4. FAST 特征点检测

FAST 特征点检测是一种基于机器学习的快速角点特征的检测算法，具有方向的 FAST 特征点检测是对兴趣点所在圆周上的 16 个像素点进行判断，其核心就是找出那些突出的点，也就是拿出一个点跟它周围足够多的点比较，如果这个点和周围足够多的点不一样，那么就认为它是一个 FAST 角点。实现步骤与 SIFT 一致，需要实例化 FAST，语法格式如下所示。

```
fast = cv.FastFeatureDetector(threshold,nonmaxSuppression)
```

参数说明见表 8-15。

表 8-15 FastFeatureDetector() 函数参数表

参数	说明
threshold	表示阈值
nonmaxSuppression	表示是否进行非极大值抑制，如果为 True，则只保留局部最大值的关键点；如果为 False，则输出所有关键点

需要注意的是，在实例化 FAST 后，还需通过 fast.detect() 检测关键点，最后将关键点检测结果绘制在图像上。示例代码如下所示。

```
import cv2 as cv
img = cv.imread("./image/tree.jpg")
gray = cv.cvtColor(img,cv.COLOR_BGR2GRAY)
#fast 关键点检测
fast = cv.FastFeatureDetector_create(threshold=30)    # 创建实例化 fast 对象
kp = fast.detect(gray,None)        # 关键点检测
img1 = cv.drawKeypoints(gray,kp,None,color=(0,0,255))     # 在图像上绘制检测结果
cv.imshow("img",img)
cv.waitKey()
cv.destroyAllWindows()
```

代码运行效果如图 8-22 所示。

5. ORB 特征点检测

ORB（Oriented FAST and Rotated BRIEF）算法是一种基于 FAST 特征检测和 BRIEF 描述符的特征检测的匹配算法，具有计算速度快、鲁棒性好等优点。实现步骤与 SIFT 一致，用 OpenCV 中的 cv.xfeatures2d.orb_create() 函数来实例化 ORB，并在图像中检测出关键点并生成描述符，语法格式如下所示。

图 8-22　FAST 特征点检测

```
orb = cv.xfeatures2d.orb_create(nfeatures)
```

其中，参数 nfeatures 表示特征点的最大值。下面进行 ORB 检测，示例代码如下所示。

```
import cv2 as cv
import numpy as np
import matplotlib.pyplot as plt
img = cv.imread("./image/tree.jpg")
gray = cv.cvtColor(img,cv.COLOR_BGR2GRAY)
#ORB 关键点检测
orb = cv.ORB_create()   # 创建实例化 orb 对象
kp,des = orb.detectAndCompute(gray,None)      # 关键点检测
img = cv.drawKeypoints(gray,kp,None,color=(0,0,255),flags = 0)    # 在图像上绘制检测结果
cv.imshow("img",img)
cv.waitKey()
cv.destroyAllWindows()
```

代码运行效果如图 8-23 所示。

图 8-23 ORB 特征点检测

技能点 6 模板匹配

模板匹配是一种最原始、最基本的模式识别方法，就是在给定的图片中查找和模板最相似的区域。它是图像处理中最基本、最常用的匹配方法。模板匹配具有自身的局限性，主要表现在它只能进行平行移动，若原图像中的匹配目标发生旋转或大小变化，则该算法无效。

1. 单对象匹配

单对象匹配就是一张图像中仅有一个部分与模板匹配。用 OpenCV 中的 cv2.matchTemplate() 函数来实现图像的模板匹配，语法格式如下所示。

```
cv2.matchTemplate(image, templ, method[, mask])
```

参数说明见表 8-16。

表 8-16 matchTemplate() 函数参数表

参数	说明
image	原始图像
templ	模板图像

续表

参数	说明
method	模板匹配方法，可选方法如下。 ● cv2.TM_SQDIFF：平方差匹配法 ● cv2.TM_SQDIFF_NORMED：归一化平方差匹配法 ● cv2.TM_CCORR：相关匹配法 ● cv2.TM_CCORR_NORMED：归一化相关匹配法 ● cv2.TM_CCOEFF：相关系数匹配法 ● cv2.TM_CCOEFF_NORMED：归一化相关系数匹配法
mask	掩码

将模板匹配后得到的坐标值在原图中标注出来，rectangle() 函数用这些坐标值来绘制矩阵，最终实现对象模板匹配，模板图像如图 8-24 所示，示例代码如下所示。

图 8-24　模板图像

```
import cv2 as cv
import numpy as np
src = cv.imread("./image/person.jpg")
cv.imshow("src",src)
# 模板图像
template = cv.imread("./image/police.jpg")
cv.imshow("template",template)
# 模板匹配
img = cv.matchTemplate(src,template,cv.TM_SQDIFF)
# 寻找矩阵中的最大、最小值的位置，记录匹配坐标
min_val,max_val,min_loc,max_loc = cv.minMaxLoc(img)
top_left = min_loc
# 获取模板图像的高、宽
h,w = template.shape[:2]
bottom_right = (top_left[0]+w,top_left[1]+h)
```

```
cv.rectangle(src,top_left,bottom_right,(0,255,0),2)
cv.imshow("src",src)
cv.waitKey()
cv.destroyAllWindows()
```

代码运行效果如图 8-25 所示。

图 8-25 单对象模板匹配

2. 多对象匹配

多对象匹配使用的是一个阈值，当大于这个阈值时，认为已经获得一个目标的匹配值，模板图像如图 8-26 所示，示例代码如下所示。

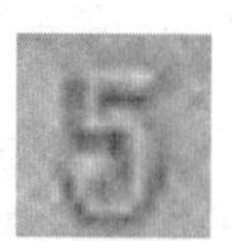

图 8-26 模板图像

```
import cv2 as cv
import numpy as np
from matplotlib import pyplot as plt
img_rgb = cv.imread('./image/coin.jpg')
img_gray = cv.cvtColor(img_rgb, cv.COLOR_BGR2GRAY)
template = cv.imread('./image/5.png',0)
w, h = template.shape[::-1]
res = cv.matchTemplate(img_gray,template,cv.TM_CCOEFF_NORMED)
threshold = 0.5
loc = np.where( res >= threshold)
for pt in zip(*loc[::-1]):
    cv.rectangle(img_rgb, pt, (pt[0] + w, pt[1] + h), (0,0,255), 1)
```

```
cv.imshow("img",img_rgb)
cv.waitKey()
cv.destroyAllWindows()
```

代码运行效果如图 8-27 所示。

图 8-27　多对象匹配

可看到图中有 3 个包含数字 5 的硬币模板，均被成功检测到。

通过以上学习，读者掌握了模板匹配及特征检测的几种方法，为了巩固所学的知识，通过以下几个步骤，使用边缘检测以及轮廓处理实现对车牌信息的提取。

第一步：创建项目

创建 python 文件。引入 OpenCV 库，示例代码如下所示。

```
import cv2 as cv
```

第二步：读取图像

从文件中读取需要提取车牌信息的图像，然后将图片转换为灰度图像并显示，示例代码如下所示。

```
import cv2 as cv
# 将图片转为灰度图像
img = cv.imread('./image/car.jpg')
gray = cv.cvtColor(img, cv.COLOR_RGB2GRAY)
cv.imshow("gray",gray)
```

代码运行效果如图 8-28 所示。

图 8-28 灰度图像

第三步：高斯滤波

使用 cv2.GaussianBlur() 函数对图像进行高斯滤波，可以去除部分干扰，示例代码如下所示。

```
car_gauss= cv.GaussianBlur(img1,(5,5),10)
```

第四步：边缘检测

使用 Canny 算子对图像进行边缘检测，示例代码如下所示。

```
img = cv.Canny(gray, 500, 200, 3)
cv.imshow('Canny', img)
```

代码运行效果如图 8-29 所示。

图 8-29 边缘检测

第五步：形态学操作

通过膨胀连接相近的区域，通过腐蚀去除孤立细小的色块。将车牌上的所有字符连接起来，这样就可以通过轮廓识别来分割车牌区域，示例代码如下所示。

```
# 指定核大小，如果效果不佳，可以试着将核调大
kernelX = cv.getStructuringElement(cv.MORPH_RECT, (30, 1))
kernelY = cv.getStructuringElement(cv.MORPH_RECT, (1, 30))
# 对图像进行膨胀腐蚀处理
img = cv.dilate(img, kernelX, anchor=(-1, -1), iterations=2)
img = cv.erode(img, kernelX, anchor=(-1, -1), iterations=4)
img = cv.dilate(img, kernelX, anchor=(-1, -1), iterations=2)
img = cv.erode(img, kernelY, anchor=(-1, -1), iterations=1)
img = cv.dilate(img, kernelY, anchor=(-1, -1), iterations=2)
cv.imshow('dilate&erode', img)
```

第六步：寻找轮廓

形态学处理完后，剩下一个白色区域，这时候就可以根据车牌的宽高比和轮廓检测来找出车牌的具体位置，示例代码如下所示。

```
for c in contours:
    # 边界框
    x, y, w, h = cv.boundingRect(c)
    cv.rectangle(img, (x, y), (x + w, y + h), (255, 0, 0), 2)
    if float(w)/h >= 2.2 and float(w)/h <= 4.0:
        lpImage = sourceImage[y:y+h, x:x+w]
cv.imshow('img', lpImage)
cv.waitKey(0)
cv.destroyAllWindows()
```

效果如图 8-30 所示。

图 8-30　提取车牌信息

通过对本项目车辆车牌信息的提取，读者熟悉了图像的滤波以及边缘特征的检测，如高斯滤波、Canny 边缘检测以及轮廓处理，学会了使用滤波以及边缘检测对图像进行降噪、去除干扰以及检测物体边缘等。

blur	模糊
filter	滤波器
color	颜色
contours	轮廓
median	中间的
mode	模式
space	空间
flag	标识

一、选择题

1. 用于进行双边滤波的函数是（　　）。

A. bilateralBlur　　B. blur

C. GaussianBlur　　D. medianBlur

2.（　　）不属于线性滤波。

A. blur　　B. boxFilter

C. medianBlur　　D. GaussianBlur

3. 用于 Shi-Tomasi 角点检测的函数是（　　）。

A. FastFeatureDetector　　B. cornerHarris

C. goodFeaturesToTrack　　D. detecAndCompute

4. 关于轮廓查找的说法错误的是（　　）。

A. find Contours() 函数只能从二值图像中查找图像轮廓

B. find Contours() 函数返回图像中的所有轮廓

C. find Contours() 函数返回一个 list 对象

D. 父级轮廓与子级轮廓之间属于嵌套关系

5. 用于返回轮廓长度的函数是（　　）。

A. approxPolyDP()　　B. contourArea()

C. arcLength()　　D. boundingRect()

二、简答题

1. 简述 Canny 边缘检测的流程。

2. 编写一个程序，获取图像边缘信息。

项目九　视频处理

通过对视频的相关操作，读者可以了解什么是视频，熟悉 VideoCapture 类和 VideoWriter 类，掌握视频读取、显示、保存及其属性的操作方法，掌握使用 VideoCapture 类和 VideoWriter 类录制视频并且进行保存的技能，在任务实施过程中：

- 了解什么是视频；
- 熟悉 VideoCapture() 和 VideoWriter()；
- 掌握视频读取、保存等相关操作；
- 掌握对视频进行处理的技能。

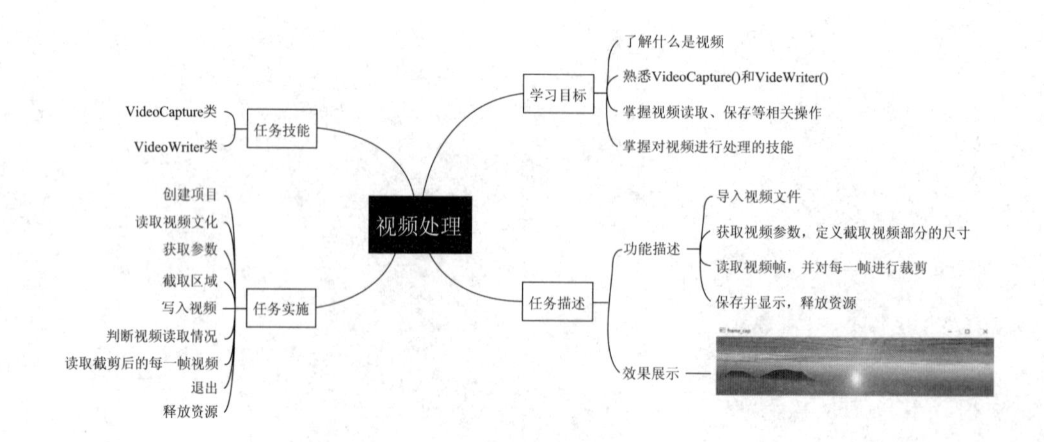

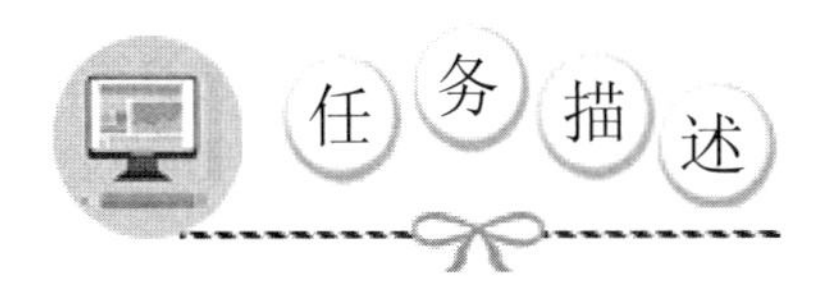

【情境导入】

随着时代的发展，人们的生活已经离不开照片和视频了。那如何裁剪照片和视频，使之更好看呢？可以通过OpenCV来解决这一问题。通过对本项目OpenCV中视频处理知识的学习，最终实现视频裁剪的功能。

【功能描述】

- 导入视频文件；
- 获取视频参数，定义截取视频部分的尺寸；
- 读取视频帧，并对每一帧进行裁剪；
- 保存并显示，释放资源。

【效果展示】

通过对本项目的学习，读者能够运用视频处理等相关知识实现视频的裁剪，效果如图9-1所示。

图 9-1　任务实施效果图

技能点 1　VideoCapture 类

OpenCV对视频内容的处理本质上是对读取视频的关键帧进行图像解析，然后对图像进行各种处理，OpenCV 的 VideoCapture 是一个视频读取与解码的 API 接口，支持各种视频格式、网络视频流、摄像头视频读取。正常的视频处理与分析，主要是针对读取到的每一帧图像，一个算法处理是否能够满足实时要求通常通过 FPS（每秒多少帧的处理能力来衡量）。一般情况下每秒大于 5 帧基本上可以认为是在进行视频处理。

1. 读取摄像头与视频文件

VideoCapture 类既支持直接从摄像机中读取视频，比如电脑自带的摄像头；也支持从视频文件中读取，一般格式为".avi"".mpg"格式。在 OpenCV 中，使用 cv2.VideoCapture() 作为从不同来源捕获视频的类，创建一个 VideoCapture 类的实例，语法格式如下所示。

```
cap = cv.VideoCapture(0)
```

传入对应的参数，可以直接打开视频文件或者要调用的摄像头。参数说明见表 9-1。

表 9-1　VideoCapture() 函数参数表

参数	说明
device	打开的视频捕获设备 id，如果只有一个摄像头可以填 0，表示打开默认的摄像头
filepath	获取的视频文件的路径

通过 VideoCapture 实例中提供的方法能够实现摄像头的打开、按帧读取视频等功能，常用方法见表 9-2。

表 9-2　VideoCapture 实例化对象常用方法

方法	描述
isOpened()	检查初始化是否成功
read()	获取视频文件
waitKey()	等待键盘输入
release()	释放摄像头
destoryAllwindows()	关闭所有创建的窗口

1）isOpened()

当创建好一个 VideoCapture 类的实例化对象后，为了检查是否读取成功，可以使用 isOpened() 方法，若读取成功则返回 true，否则返回 false，语法格式如下所示。

```
cap.isOpened()
```

2）read()

read() 方法用于从摄像头或者视频文件逐帧捕获画面，该方法有两个返回值，分别为获取到的每一帧图像和布尔值（False 表示获取失败，True 表示获取成功），语法格式如下所示。

```
ret, frame = cap.read()
```

其中 ret 表示视频是否获取成功的布尔值，frame 表示每一帧图像。

3）waitKey()

waitKey() 函数用于接收键盘输入，waitKey() 函数在一个给定的时间内 (单位 ms) 等待用户按键触发；如果用户没有按下键，则继续等待 (循环)。有按键按下，返回按键的 ASCII 值。无按键按下，返回 -1，waitKey() 函数语法格式如下所示。

```
cv2.waitKey(delay)
```

当延时 delay = 0 时，waitKey() 函数则无限延时，必须有键按下才继续执行。当延时 delay > 0 时，waitKey() 函数返回值为按下的键的 ASCII 码值，超时则返回 -1。

通常用于实现按键退出程序功能的方法：ord('q') 返回“q”字符对应的 8 位 ASCII 值，而 waitKey() 函数和“0xFF”的按位与 (&) 运算用于获取 cv2.waitKey() 方法获取到的键盘输入项的 16 位 ASCII 码的最后 8 位，对这两个值进行比较，如果相等则退出程序，使用方法如下。

```
if cv.waitKey(2) & 0xFF == ord('q'):
break
```

4）release()、destoryAllwindows()

视频对象调用完成后可使用 release() 方法释放对象，语法格式如下所示。

```
cap.release()
```

读取一个视频文件，在窗口中播放，并设置当按下键盘上的“q”键后退出，若需要调用摄像头，为 VideoCapture() 类传入摄像头 ID 即可，示例代码如下所示。

```
import numpy as np
import cv2 as cv
# 获取视频对象
# cap = cv.VideoCapture(0) 表示调用摄像头
cap = cv.VideoCapture('./image/cap.mp4')
# 判断是否读取成功
while(cap.isOpened()):
    # 获取每一帧图像
    ret, frame = cap.read()
    # 获取成功显示图像
    if ret == True:
        cv.imshow('frame',frame)
    # 每间隔 25 秒检测一次键盘输入
    if cv.waitKey(25) & 0xFF == ord('q'):
        break
```

```
# 释放视频对象
cap.release()
```

代码运行效果如图 9-2 所示。

图 9-2 读取视频文件

2. 视频对象属性操作

视频对象中包含诸多属性，如视帧高度、宽度、频率等，OpenCV 中提供了对这些属性进行获取和修改的方法，见表 9-3。

表 9-3 视频对象属性操作方法

方法	描述
get	获取视频对象属性
set	修改视频对象属性

1）get()

使用 get() 方法来获取、访问捕获对象的某些属性，通过指定不同参数能够获得不同的视频属性，如获取，语法格式如下所示。

```
retval = cap.get(propId)
```

参数 propId 使用数字来表示，每个数字表示视频的属性，常用的属性见表 9-4。

表 9-4 视频属性

参数	说明
0	视频文件的当前位置
1	从 0 开始索引帧，帧位置
2	视频文件的相对位置（0 表示开始，1 表示结束）
3	视频流的帧宽度
4	视频流的帧高度
5	帧率
6	编解码器四字符代码
7	视频文件的帧

访问获取摄像头的帧宽度、高度以及帧率，示例代码如下所示。

```
import cv2 as cv
cap = cv.VideoCapture(0) # 获取视频对象
frame_width = cap.get(3)
frame_height = cap.get(4)
fps = cap.get(5)
# 打印属性值
print(" 帧宽度 :" ,frame_width)
print(" 帧高度 :",frame_height)
print(" 帧率 :",fps)
```

代码运行效果如图 9-3 所示。

```
帧宽度: 640.0
帧高度: 480.0
帧率 : 30.0
```

图 9-3　获取视频文件属性值

2）set()

通过 get() 方法获取到了视频图像中的帧宽度、高度以及帧率。如果要修改某一个属性值，可以通过 cap.set() 方法来进行修改，语法格式如下所示。

```
cap.set(propId,value)
```

参数 propId 是属性的索引，value 是需要修改的属性值，修改属性值，示例代码如下所示。

```
import cv2 as cv
cap = cv.VideoCapture(0) # 获取视频对象
frame_width = cap.set(3,320)
frame_height = cap.set(4,240)
frame_width = cap.get(3)
frame_height = cap.get(4)
print(" 帧宽度 :" ,frame_width)
print(" 帧高度 : ",frame_height)
```

代码运行效果如图 9-4 所示。

```
帧宽度: 320.0
帧高度: 240.0
```

图 9-4　修改属性值

返回结果中帧高度和宽度都被更改了，说明摄像头的属性值修改成功。需要注意的是，cap.set() 方法只对采集摄像头有用，如果读取的是视频文件，则上述方法对其不起作用。

技能点 2 VideoWriter 类

OpenCV 提供了写入视频的接口类 VideoWriter，VideoWriter 是以指定的编码格式将每一帧图片写入视频中。其基本流程为先定义编码器，再使用 VideoWriter 类中的方法。

1）定义编码器

在 OpenCV 中，cv2.VideoWriter_fourcc() 函数用来设置视频的编解码器。该函数的参数有 4 个，这 4 个字符构成了编解码器的“4 字标记”，每个编解码器都有一个这样的标记。典型的编解码器在 Windows 中有 DIVX（.avi）、在 OS 中有 MJPG（.mp4），DIVX（.avi），X264（.mkv）。编码参数说明见表 9-5。

表 9-5 视频编码参数表

参数	说明
cv2.VideoWriter_fourcc ('M', 'P', '4', 'V')	MPEG-4 编码类型，.mp4 可指定结果视频的大小
cv2.VideoWriter_fourcc('X','2','6','4')	MPEG-4 编码类型，.mp4 可指定结果视频的大小
cv2.VideoWriter_fourcc('I', '4', '2', '0')	YUV 编码类型，文件名后缀为 .avi，广泛兼容，但会产生大文件
cv2.VideoWriter_fourcc('P', 'I', 'M', 'I')	MPEG-1 编码类型，文件名后缀为 .avi
cv2.VideoWriter_fourcc('X', 'V', 'I', 'D')	MPEG-4 编码类型，文件名后缀为 .avi，可指定结果视频的大小
cv2.VideoWriter_fourcc('T', 'H', 'E', 'O')	Ogg Vorbis, 文件名后缀为 .ogv
cv2.VideoWriter_fourcc('F', 'L', 'V', '1')	Flash 视频，文件名后缀为 .flv

2）将每一帧图片写入视频中

编码器定义完成后可使用 OpenCV 中提供的 cv2.VideoWriter() 函数来实现初始化的工作，语法格式如下所示。

```
cap = cv.VideoWriter(filename,fourcc,fps,frameSize,isColor=true)
```

参数说明见表 9-6。

表 9-6 VideoWriter() 类参数表

参数	说明
filename	保存的视频文件名，如果文件名已存在，则覆盖原文件
fourcc	指定视频编解码器的四字节代码
fps	帧速率
framesize	帧的长宽
isColor	Bool 类型，是否为彩色图像

VideoWriter 类中提供了特定函数用以实现帧图像的写入和将视频中的帧图像保存为图片的功能，函数见表 9-7。

表 9-7　VideoWriter 类函数表

函数	描述
write()	将帧图像写入视频
imwrite()	将帧写入图片

（1）write()。

VideoWriter 类提供的 cv2.VideoWriter.write() 函数用来将每一帧图像写入视频，语法格式如下所示。

```
cv2.VideoWriter.write(frame)
```

参数 frame 是获取到的每一帧图像，获取摄像头的视频流，然后保存到本地，编解码器是 mp4v，帧率是 30fps，尺寸是 640*480，输入键盘“q”键退出，示例代码如下所示。

```
import cv2 as cv
cap = cv.VideoCapture(0)
# 定义编码格式
fourcc = cv.VideoWriter_fourcc('m', 'p', '4', 'v')
# 初始化
out = cv.VideoWriter('cap.avi', fourcc, 30, (640, 480))
while True:
    ret, frame = cap.read()
    out.write(frame)
    cv.imshow("video", frame)
    if cv.waitKey(25) & 0xFF == ord('q'):
        break
cap.release()
out.release()
```

代码运行效果如图 9-5 所示。

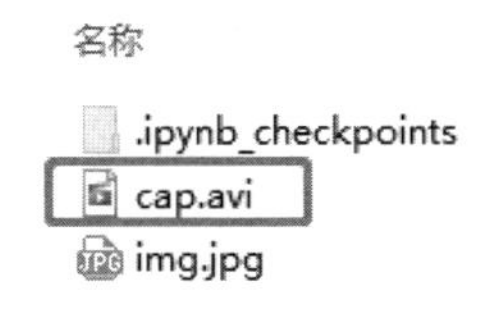

图 9-5　保存视频

（2）imwrite()。

如果对视频中的某一图像频感兴趣，可以使用 imwrite() 函数来对其进行保存，语法格式如下所示。

```
cv2.imwrite(filename, image)
```

参数 filename 是文件名。文件名必须包含图像格式，如 .jpg,.png 等。image 是需要保存的图像，这里就是获取到的视频中的某一帧图像，接下来通过捕获摄像头来对某一帧图像进行保存，示例代码如下所示。

```
import cv2 as cv
cap = cv.VideoCapture(0)
if cap.isOpened():
while True:
        ret, frame = cap.read()
        cv.imshow("cap", frame)
        key = cv.waitKey(10)
        if key == 27:
            break
        if key == ord("s"):
            cv.imwrite("img.jpg", frame)
cap.release()
cv.destroyAllWindows()
```

代码运行效果如图 9-6 所示。

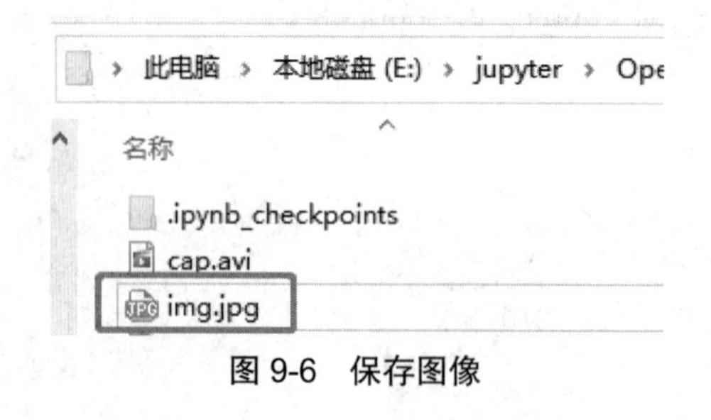

图 9-6 保存图像

通过以上学习，读者掌握了视频处理的操作方法，为了巩固所学的知识，通过以下几个步骤，使用视频处理截取感兴趣区域的视频并播放。

第一步：创建项目

创建 python 文件。引入 OpenCV 库，示例代码如下所示。

```
import cv2 as cv
```

第二步：读取视频文件

使用 VideoCapture() 函数导入本地视频文件，示例代码如下所示。

```
import cv2 as cv
cap = cv.VideoCapture("./image/sky.mp4")
```

第三步：获取参数

读取到视频后，获取读入视频的参数，包括帧宽度、帧高度以及帧率，示例代码如下所示。

```
fps = cap.get(cv.CAP_PROP_FPS)
width = cap.get(cv.CAP_PROP_FRAME_WIDTH)
height = cap.get(cv.CAP_PROP_FRAME_HEIGHT)
print("fps:", fps)
print("width:", width)
print("height:", height)
```

代码运行效果如图 9-7 所示。

```
fps: 30.0
width: 720.0
height: 992.0
```

图 9-7　获取参数

第四步：截取区域

定义需要截取的感兴趣区域，并注意在后面定义的每一帧的高和宽都要与此一致，否则视频将无法播放，示例代码如下所示。

```
size = (750, 720)
```

第五步：写入视频

使用 VideoWriter() 创建视频写入的对象，指定视频的位置名称以及视频编解码器的四字节代码，示例代码如下所示。

```
write = cv.VideoWriter("cap.avi", cv.VideoWriter_fourcc('M', 'J', 'P', 'G'), fps, size)
```

代码运行效果如图 9-8 所示。

cap.avi	2022/3/29 15:37	AVI 文件	72 KB

图 9-8　创建写入对象

第六步：判断视频读取情况

判断视频是否读取成功，读取每一帧视频图像并显示，示例代码如下所示。

```
while True:
ret, frame = cap.read()
cv.imshow("frame", frame)
```

代码运行效果如图 9-9 所示。

图 9-9　视频读取

第七步：读取裁剪后的每一帧视频

读取裁剪视频后的每一帧图像，示例代码如下所示。

```
frame_cap = frame[600:750, 0:720]
cv.imshow("frame_cap", frame_cap)
```

代码运行效果如图 9-10 所示。

图 9-10　读取裁剪后视频

第八步：退出

读取完成后按下 esc 退出，每一帧间隔为 25 s，示例代码如下所示。

```
if cv.waitKey(25)&0xff==27:
        break
```

第九步：释放资源

删除原始视频与裁剪后的视频窗口，释放资源，示例代码如下所示。

```
cv.destroyWindow("frame")
cv.destroyWindow("frame_cap")
cap.release()
```

通过对视频的截取播放，读者熟悉了视频处理方法，如视频读取、保存以及获取视频的参数等，学会了部分截取视频。

video	视频
capture	捕获
write	写
device	设备
fps	帧率
frame	帧
path	路径
get	得到
read	读
release	释放

一、选择题

1. 下列（　　）表示视频的索引帧。

A. cv.CAP_PROP_POS_FRAMES　　B. cv.CAP_PROP_POS_FRAMES

C. cv.CAP_PROP_FPS　　D. cv.CAP_PROP_FOURCC

2. 下列（　　）不属于视频格式文件。

A. mp4　　B. rmvb

C. 3gp　　D. jpg

3. 下列选项中释放视频资源的函数是（　　）。

A. read()　　B. destroyWindow()

C. write()　　D. release()

4.cv.VideoWriter.write() 函数的作用是（　　）。

A. 保存视频　　B. 写入视频的每一帧

C. 获取视频　　D. 获取视频的每一帧

5. 用来获取视频属性的函数是（　　）。

A. get()　　B. VideoWriter()

C. read()　　D. VideoCapture()

二、简答题

1. 常用的视频编码格式有哪些？

2. 编写一个程序，读取摄像头，并将其录制的视频进行保存。

项目十　人脸检测与人脸识别

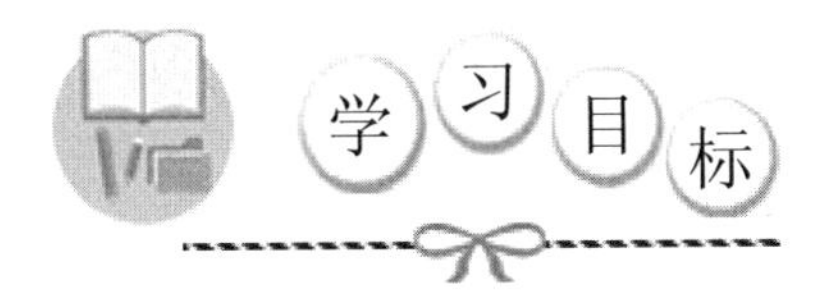

通过人脸检测与人脸识别的练习，读者可以了解人脸检测和人脸识别，熟悉级联分类器的使用，掌握 OpenCV 内置的人脸检测函数以及 OpenCV 在人脸识别中提供的 3 种方法，掌握 Dlib 人脸检测以及 face_recognition 人脸识别的使用方法，掌握使用 face_recognition 进行人脸识别的技能，在任务实施过程中：

- 了解人脸检测和人脸识别；
- 熟悉级联分类器的使用；
- 掌握人脸检测与人脸识别的操作方法；
- 掌握人脸识别的技能。

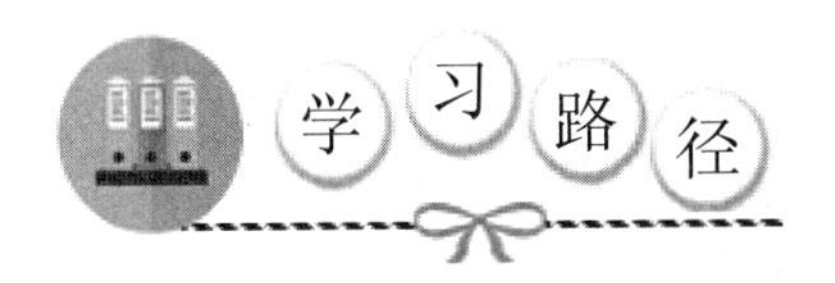

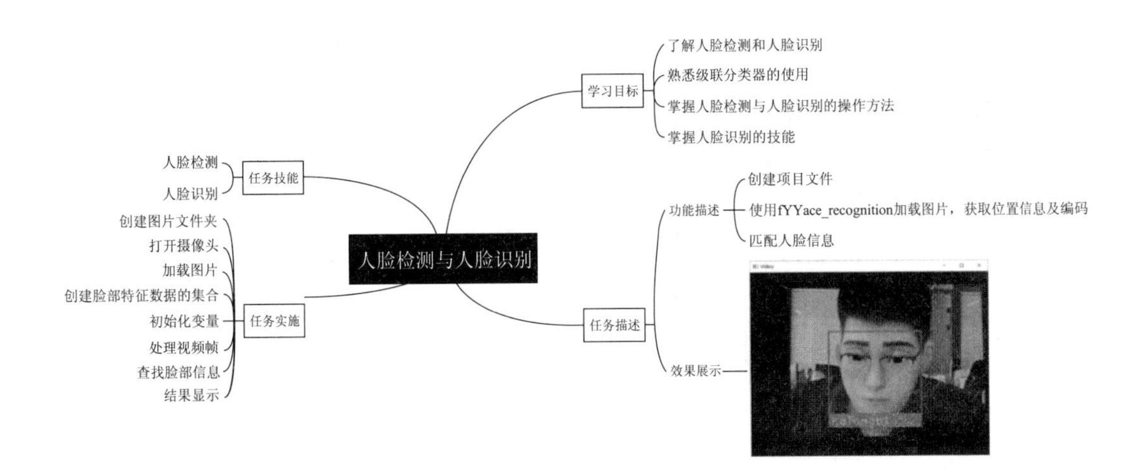

【情境导入】

随着智能时代的到来，人脸识别技术已经与我们的生活息息相关，如刷脸进站、刷脸支付等。通过对本项目人脸检测与人脸识别知识的学习，最终掌握人脸识别的操作。

【功能描述】

- 创建项目文件；
- 使用 fYYace_recognition 加载图片，获取位置信息及编码；
- 匹配人脸信息。

【效果展示】

通过对本项目的学习，读者能够运用人脸检测与人脸识别等相关知识，最终掌握人脸识别的操作，效果如图 10-1 所示。

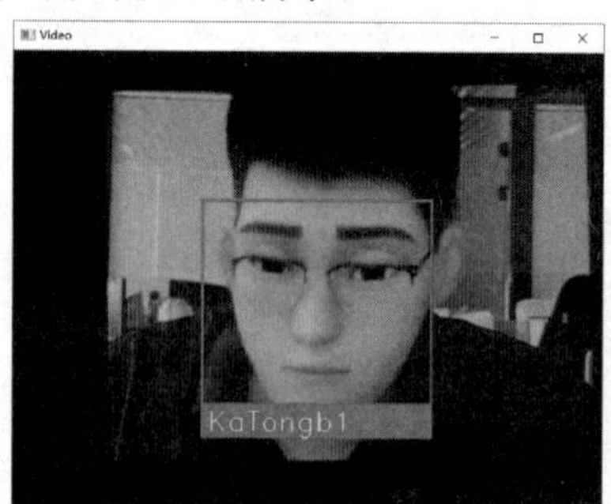

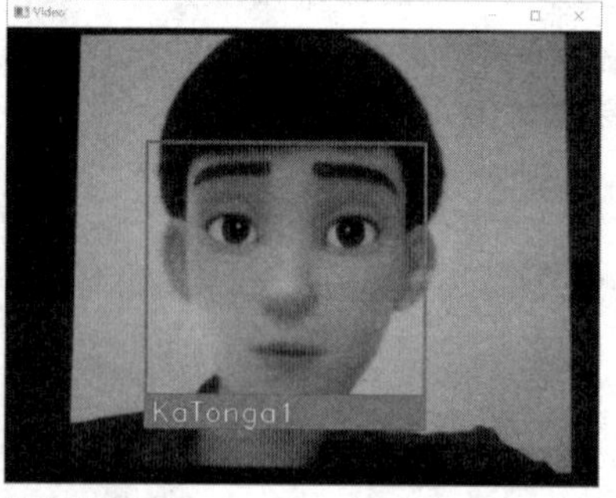

图 10-1　实现人脸识别

技能点 1　人脸检测

人脸检测（Face Detection），是自动人脸识别系统中的一个关键环节，就是对于任意一幅给定图像/视频帧返回图像中的所有人脸位置、大小和姿态。

1. 级联分类器

级联分类器是一种基于机器学习的方法，其中级联函数是从大量正面图像（有脸的图像）和负面图像（没有人脸的图像）中训练出来的。它的优势是，在开始阶段仅进行非常简单的判断，就能够排除明显不符合要求的实例。在开始阶段被排除的负类，不再参与后续分类，这样能极大地提高后面分类的速度。

训练级联分类器很耗时，如果训练的数据量较大，可能需要好几天才能完成。在OpenCV中，有一些训练好的级联分类器供用户使用。这些级联分类器以XML文件的形式存放在OpenCV源文件的data目录下，加载不同级联分类器的XML文件就可以实现对不同对象的检测。如图10-2所示。

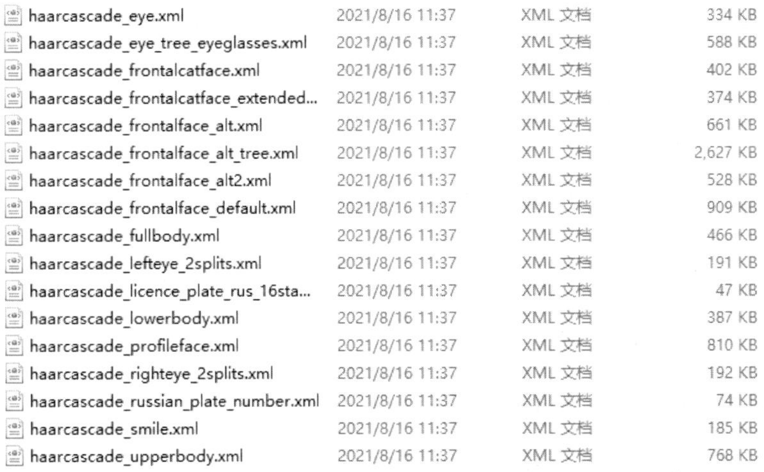
haarcascade_eye.xml 2021/8/16 11:37 XML 文档 334 KB
haarcascade_eye_tree_eyeglasses.xml 2021/8/16 11:37 XML 文档 588 KB
haarcascade_frontalcatface.xml 2021/8/16 11:37 XML 文档 402 KB
haarcascade_frontalcatface_extended... 2021/8/16 11:37 XML 文档 374 KB
haarcascade_frontalface_alt.xml 2021/8/16 11:37 XML 文档 661 KB
haarcascade_frontalface_alt_tree.xml 2021/8/16 11:37 XML 文档 2,627 KB
haarcascade_frontalface_alt2.xml 2021/8/16 11:37 XML 文档 528 KB
haarcascade_frontalface_default.xml 2021/8/16 11:37 XML 文档 909 KB
haarcascade_fullbody.xml 2021/8/16 11:37 XML 文档 466 KB
haarcascade_lefteye_2splits.xml 2021/8/16 11:37 XML 文档 191 KB
haarcascade_licence_plate_rus_16sta... 2021/8/16 11:37 XML 文档 47 KB
haarcascade_lowerbody.xml 2021/8/16 11:37 XML 文档 387 KB
haarcascade_profileface.xml 2021/8/16 11:37 XML 文档 810 KB
haarcascade_righteye_2splits.xml 2021/8/16 11:37 XML 文档 192 KB
haarcascade_russian_plate_number.xml 2021/8/16 11:37 XML 文档 74 KB
haarcascade_smile.xml 2021/8/16 11:37 XML 文档 185 KB
haarcascade_upperbody.xml 2021/8/16 11:37 XML 文档 768 KB

图10-2　不同级联分类器的XML文件

也可以通过“https://github.com/opencv/opencv/tree/master/data”链接下载所需分类器，比如Harr级联分类器、HOG级联分类器以及LBP级联分类器。如图10-3所示。

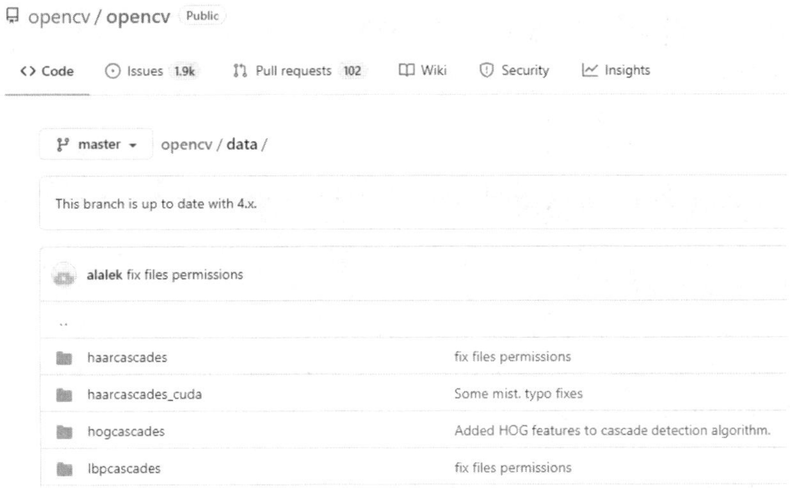
opencv / opencv Public
Code
Issues 1.9k
Pull requests 102
Wiki
Security
Insights
master
opencv / data /
This branch is up to date with 4.x.
alalek fix files permissions
..
haarcascades
fix files permissions
haarcascades_cuda
Some mist. typo fixes
hogcascades
Added HOG features to cascade detection algorithm.
lbpcascades
fix files permissions

图10-3　Harr、HOG以及LBP级联分类器

通过级联分类器可以实现对人脸多个器官的检测。用 OpenCV 内置的 CascadeClassifier() 函数加载人脸级联分类器，语法格式如下所示。

```
classsfier =cv.CascadeClassifier("./haarcascade_frontalface_default.xml")
```

实例化人脸分类器后，可使用 detectMultiScale() 方法来进行人脸检测，语法格式如下所示。

```
faces=classfier.detectMultiScale(image, object, scaleFactor=1.1, minNeighbors=3, flags=0, minSize=Size(), maxSize=Size())
```

参数说明见表 10-1。

表 10-1　人脸检测参数表

参数	说明
image	待检测的图像
object	检测到的人脸目标序列，一般可不写
scaleFactor	表示每次检测到的人脸目标缩小的比例，默认为 1.1
minNeighbors	表示检测过程中目标必须被检测 3 次才能被确定为人脸（分类器中有 1 个窗口对全局图片进行扫描，即在扫描过程中，窗口中出现了 3 次人脸就可以确定该目标为人脸），默认为 3
flags	默认为 0，一般可不写
minSize	表示可截取的最小目标的大小
maxSize	表示可截取的最大目标的大小

用级联分类器对图片中的人脸进行检测，并使用绿色矩形标注出人脸区域，示例代码如下所示。

```
import cv2 as cv
img = cv.imread("face.png")
gray = cv.cvtColor(img,cv.COLOR_BGR2GRAY)
# 实例化检测器
cas= cv.CascadeClassifier("haarcascade_frontalface_default.xml")
# 人脸检测
faces =cas.detectMultiScale(gray,scaleFactor = 1.15,minNeighbors =5,minSize = (5,5))
# 绘制人脸
for face in faces:
    x,y,w,h = face
    cv.rectangle(img,(x,y),(x+w,y+h),(0,255,0),3)  # 以方形图像绘制在图像上
cv.imshow("img",img)
cv.waitKey(0)
cv.destroyAllWindows()
```

代码运行效果如图 10-4 所示。

图 10-4　人脸检测

2. Dlib 人脸检测

除了使用 OpenCV 级联分类器进行人脸检测之外，还可以基于 Dlib 来进行人脸检测，Dlib 是一个包含机器学习算法的 C++ 开源工具包，同时也支持 Python 开发接口。Dlib 提供大量的机器学习以及图像处理算法，文档齐全，不需要依赖第三方库。在使用时需要先下载安装 Dlib 库，语法格式如下所示。

```
pip install dlib
```

Dlib 库中较为常用的方法是人脸检测和人脸特征检测。

1）人脸检测

使用 Dlib 库中的 get_frontal_face_detector() 函数来加载人脸检测器进行人脸检测，加载完成后会返回一个检测器对象，该检测器对象可接收两个参数，分别表示灰度转换的人脸图像和图片放大的倍数，语法格式如下所示。

```
detector = dlib.get_frontal_face_detector()
faces = detector(img_gray,1)
```

img_gray 表示转换为灰度图像的图像，数字参数表示图片放大的倍数。

使用 detector 函数进行人脸检测并确定人脸位置，示例代码如下所示。

```
import dlib
import cv2 as cv
img = cv.imread("a1.png")
img_gray = cv.cvtColor(img,cv.COLOR_BGR2GRAY)    # 灰度转换
# 加载 dlib 库中检测器
```

```
detector = dlib.get_frontal_face_detector()
# 对图片进行人脸检测
faces = detector(img_gray,1)    # 1 表示图片放大一倍
# 循环遍历检测出的人脸
for face in faces:
# 以方形图像绘制在图像上
    img_result    =    cv.rectangle(img,(face.left(),face.top()),(face.right(),face.bottom()),(0,255,0),3)
cv.imshow("img_result",img_result)
cv.waitKey(0)
```

代码运行效果如图 10-5 所示。

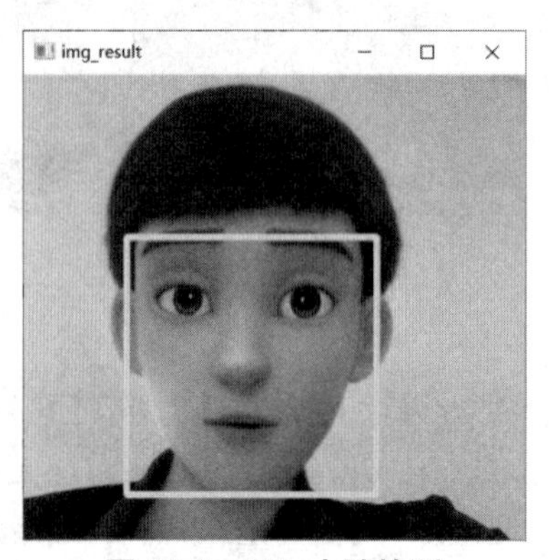

图 10-5　Dlib 人脸检测

2）人脸特征检测

Dlib 库中还提供了两种特征点的预测器，即 shape_predector_5_face_landmarks.dat 和 shape_predector_68_face_landmarks.dat，使用 shape_predictor() 函数即可进行人脸的 5 个和 68 个特征点检测。接下来对人脸的 68 个特征点进行检测，shape_predictor() 函数语法格式如下所示。

```
shape_predictor(img_gray,num)
```

参数说明见表 10-2。

表 10-2　shape_predictor() 函数参数表

参数	描述
img_gray	灰度图像
num	放大倍数

使用 Dlib 中的 shape_predictor() 函数进行人脸特征点的标注，并在图中使用蓝色点标注，示例代码如下所示。

```
# 导入相应库
import dlib
import cv2 as cv
import numpy as np
# 读取图片
img = cv.imread("a1.png")
img_gray = cv.cvtColor(img,cv.COLOR_BGR2GRAY)    # 灰度转换
# 加载 dlib 库中检测器
detector = dlib.get_frontal_face_detector()
# 对图片进行人脸检测
faces = detector(img_gray,1)    # 1 表示图片放大一倍
# 使用 dlib 的 68 个特征点模型
predictor = dlib.shape_predictor("shape_predictor_68_face_landmarks.dat")
# 循环遍历检测出的人脸
for i,face in enumerate(faces):
# 以方形图像绘制在图像上
    img_result=cv.rectangle(img,(face.left(),face.top()),(face.right(),face.bottom()),(0,255,0),3)
      # 获取人脸特征点
    shape = predictor(img,face)
    for pt in shape.parts():
        pt1 = (pt.x,pt.y)
        cv.circle(img_result,pt1,1,(255,0,0),2)
cv.imshow("img_result",img_result)
cv.waitKey(0)
cv.destroyAllWindows()
```

代码运行效果如图 10-6 所示。

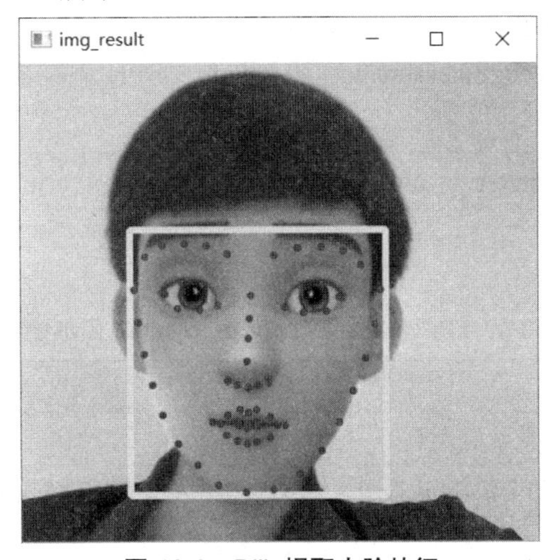

图 10-6　Dlib 提取人脸特征

技能点 2 人脸识别

人脸识别是基于人的脸部特征信息进行身份识别的一种生物识别技术。具体是指用摄像机或摄像头采集含有人脸的图像或视频流，并自动在图像中检测和跟踪人脸，进而对检测到的人脸进行脸部识别的一系列相关技术，通常也叫作人像识别、面部识别。

OpenCV 提供了 3 种人脸识别器（LBPH 人脸识别器、Eigenfaces 人脸识别器、Fisherfaces 人脸识别器）以及 face_recognition 库来进行人脸识别。

1. LBPH 人脸识别器

LBPH（Local Binary Patterns Histogram，局部二进制编码直方图）所使用的模型基于 LBP(局部二值模式) 算法。LBP 算法的基本原理是，将像素点 A 的值与其最邻近的 8 个像素点的值逐一比较：如果 A 的像素值大于其临近点的像素值，则得到 0，如果 A 的像素值小于其临近点的像素值，则得到 1；最后将像素点 A 与其周围 8 个像素点比较所得到的 0、1 值连接起来，得到一个 8 位的二进制序列，将该二进制序列转换为十进制数，作为点 A 的 LBP 值。由于这种方法的灵活性，LBPH 是唯一允许模型样本人脸和检测的人脸在形状、大小方面可以不同的人脸识别算法。OpenCV 中用于实现人脸识别的 LBPH 人脸识别器函数见表 10-3。

表 10-3 LBPH 人脸识别器函数表

函数	描述
cv2.face.LBPHFaceRecognizer_create()	生成识别器模型
cv2.face_FaceRecognizer.train()	基于识别器模型进行训练
cv2.face_FaceRecognizer.predict()	完成人脸识别

1）cv2.face.LBPHFaceRecognizer_create()

cv2.face.LBPHFaceRecognizer_create() 函数生成 LBPH 识别器实例模型，语法格式如下所示。

```
cv2.face.LBPHFaceRecognizer_create( radius,neighbors,grid_x, grid_y, threshold )
```

参数说明见表 10-4。

表 10-4 LBPHFaceRecognizer_create() 函数参数表

参数	说明
radius	半径值，默认值为 1
neighbors	邻域点的个数，默认采用 8 邻域点，根据需要可以计算更多的邻域点

续表

参数	说明
grid_x	将 LBP 特征图像划分为一个个单元格时，每个单元格在水平方向上的像素个数，该参数值默认为 8，即将 LBP 特征图像在行方向上以 8 个像素为单位分组
grid_y	将 LBP 特征图像划分为一个个单元格时，每个单元格在垂直方向上的像素个数，该参数值默认为 8，即将 LBP 特征图像在列方向上以 8 个像素为单位分组
threshold	在预测时所使用的阈值。如果大于该阈值，就认为没有识别到任何目标对象

2）cv2.face_FaceRecognizer.train()

cv2.face_FaceRecognizer.train() 函数能够对每个图像计算 LBPH 并得到该向量，完成训练。该函数的语法格式如下所示。

```
cv2.face_FaceRecognizer.train(src, labels)
```

参数说明见表 10-5。

表 10-5　训练参数表

参数	说明
src	训练图像，用来学习的图像
labels	标签，人脸图像所对应的标签

3）cv2.face_FaceRecognizer.predict()

cv2.face_FaceRecognizer.predict() 函数能够对一个待测人脸图像进行判断，寻找与当前图像最像的人脸图像，完成人脸识别。语法格式如下所示。

```
cv2.face_FaceRecognizer.predict(src)
```

参数 src 是需要识别的人脸图像。这个函数的返回值有两个，一个返回前面人脸识别的标签 label，另一个返回置信度评分，用来衡量识别结果与原有模型之间的差距。0 表示完全匹配。通常情况下，小于 50 的值是可以接受的，如果该值大于 80 则认为差别较大。

接下来进行一个简单的人脸识别。导入训练的人脸图像，这里选取了两张不同的人脸照片，如图 10-7 所示。

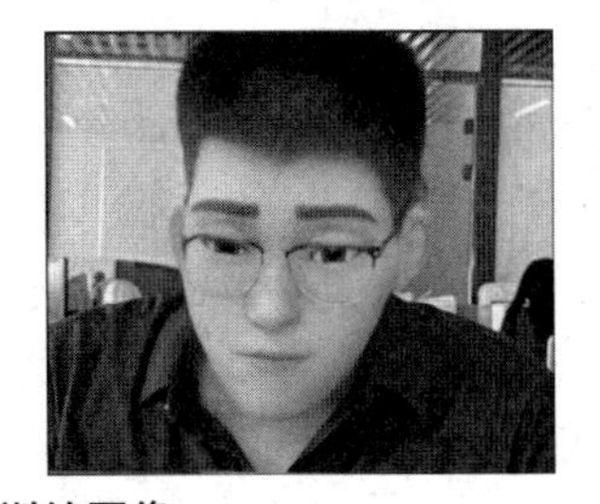

图 10-7　训练图像

将与图 10-7 中的第一幅图相同人的人脸作为待识别的人脸图像，如图 10-8 所示。

图 10-8　待识别图像

代码运行效果如图 10-9 所示。

```
label= 0
confidence= 49.54997733196435
```

图 10-9　LBPH 人脸识别

从图 10-9 可以看到，标签值为 0，置信区间为 42，这说明待识别的人脸与原有模型之间的差距是可以接受的。如果要更精确地识别人脸，可以扩大训练集的人脸数据，同步的标签也需要一一对应。示例代码如下所示。

```
import cv2 as cv
import numpy as np
images=[]
images.append(cv.imread("./images/1/a1.png",cv.IMREAD_GRAYSCALE))
images.append(cv.imread("./images/1/b1.png",cv.IMREAD_GRAYSCALE))
labels=[0, 1]
recognizer = cv.face.LBPHFaceRecognizer_create()
recognizer.train(images,np.array(labels))
predict_image=cv.imread("./images/1/a2.png",cv.IMREAD_GRAYSCALE)
label,confidence= recognizer.predict(predict_image)
print("label=",label)
print("confidence=",confidence)
```

2. Eigenfaces 人脸识别器

Eigenfaces 人脸识别器使用了特征脸技术，特征脸技术是用于人脸识别以及其他涉及人脸识别处理的技术。首先把一批人脸图像转换成一个特征向量集，Eigenfaces 人脸识别器最初是训练图像集的基本组件。识别的过程就是把一幅新的图投影到特征脸子空间，并通过它的投影点在子空间的位置以及投影线的长度来进行判定和识别。OpenCV 提供了使用 Eigenfaces 人脸识别器进行人脸识别的两个函数，见表 10-6。

表 10-6　Eigenfaces 人脸识别器函数表

函数	描述
cv2.face.EigenFaceRecognizer_create()	生成人脸识别器模型
cv2.face_EigenFaceRecognizer.train()	基于人脸识别器完成模型训练
cv2.face_FaceRecognizer.predict()	完成人脸识别

1）cv2.face.EigenFaceRecognizer_create()

用 cv2.face.EigenFaceRecognizer_create() 函数生成 Eigenfaces 人脸识别器实例模型，语法格式如下所示。

```
cv2.face.EigenFaceRecognizer_create(num_compnents, threshold )
```

参数说明见表 10-7。

表 10-7　EigenFaceRecognizer_create() 函数参数表

参数	说明
num_compnents	在 PCA 中要保留的成分量个数
threshold	进行人脸识别所采用的阈值

2）cv2.face_EigenFaceRecognizer.train()

cv2.face_EigenFaceRecognizer.train() 函数用于基于人脸识别器完成模型的训练，然后可以基于这个模型进行人脸识别，cv2.face_EigenFaceRecognizer.train() 函数语法格式如下所示。

```
cv2.face_EigenFaceRecognizer.train(src, labels)
```

参数说明见表 10-8。

表 10-8　训练参数表

参数	说明
src	训练图像，用来学习的图像
labels	标签，人脸图像所对应的标签

3）cv2.face_FaceRecognizer.predict()

cv2.face_FaceRecognizer.predict() 函数用于完成人脸识别，这里返回的置信度评分参数值通常在 0~20 000 之间，只要低于 5 000，都被认为是相当可靠的识别结果，语法格式如下所示。

```
cv2.face_FaceRecognizer.predict(src)
```

src 表示待识别的人脸图像路径。

接下来进行一个简单的人脸识别。导入训练的人脸图像,如图 10-10 所示。

图 10-10　训练图像

待识别图像如图 10-11 所示。

图 10-11　待识别图像

代码运行结果如图 10-12 所示。

```
label= 0
confidence= 1789.6431729286687
```

图 10-12　EigenFaces 人脸识别

从图 10-12 可以看到,置信区间低于 5 000,这个识别结果是可以接受的。需要注意的是,在使用 EigenFaces 进行人脸识别时,所有训练图像的像素大小必须相等,示例代码如下所示。

```
import cv2 as cv
import numpy as np
images=[]
images.append(cv.imread("c1.png",cv.IMREAD_GRAYSCALE))
images.append(cv.imread("d1.png",cv.IMREAD_GRAYSCALE))
labels=[0,1]
recognizer = cv.face.EigenFaceRecognizer_create()
recognizer.train(images,np.array(labels))
```

```
predict_image=cv.imread("c3.png",cv.IMREAD_GRAYSCALE)
label,confidence= recognizer.predict(predict_image)
print("label=",label)
print("confidence=",confidence)
```

3. Fisherfaces 人脸识别器

Fisherfaces 采用 LDA（线性判别分析）实现人脸识别。LDA 是 Ronald Fisher 提出来的，所以 LDA 也被称作 Fisher Discriminant Analysis，也正因如此，该人脸识别算法被称为 FisherFace。线性判别分析在对特征降维的同时考虑了类别信息，其核心是在低维表示下，使类别间的差别尽量大，类别内的差别尽可能小。OpenCV 中用 Fisherfaces 人脸识别器进行人脸识别的函数见表 10-9。

表 10-9　Fisherfaces 人脸识别器函数表

函数	描述
cv2.face.FisherFaceRecognizer_create()	创建 Fisherfaces 人脸识别器
cv2.face_FaceRecognizer.train()	Fisherfaces 人脸识别器训练模型
cv2.face_FaceRecognizer.predict()	完成人脸识别

1）cv2.face.FisherFaceRecognizer_create()

根据用户输入的相关参数信息，使用 v2.face.FisherFaceRecognizer_create() 函数生成 Fisherfaces 识别器实例模型，语法格式如下所示。

```
cv2.face.FisherFaceRecognizer_create(num_compnents, threshold )
```

参数说明见表 10-10。

表 10-10　FishorFaceRecognizer_create() 函数参数表

参数	说明
num_compnents	进行线性分析时保留的成分数量
threshold	进行人脸识别所采用的阈值

2）cv2.face_FaceRecognizer.train()

Fisherfaces 人脸识别器创建完成后，使用 cv2.face_FaceRecognizer.train() 对其进行训练并得到训练模型，语法格式如下所示。

```
cv2.face_FaceRecognizer.train(src, labels)
```

参数说明见表 10-11。

表 10-11 训练参数表

参数	说明
src	训练图像,用来学习的图像
labels	标签,人脸图像所对应的标签

3）cv2.face_FaceRecognizer.predict()

cv2.face_FaceRecognizer.predict() 函数完成人脸识别,其 confidence 返回值与 EigenFaces 相同,也在 0~20 000 之间,只要低于 5 000,都被认为是可靠的识别结果,语法格式如下所示。

```
cv2.face_FaceRecognizer.predictt(src)
```

src 表示待识别的图像路径。

总体来说,Fisherfaces 人脸识别步骤与 LBPH、EigenFaces 代码步骤没有什么区别,要实现 Fisherfaces 人脸识别,先导入训练的人脸图像,如图 10-13 的 c1.png、c2.png、d1.png、d2.png 所示。图 10-13 中的 c3.png 为待识别图像。

c1.png
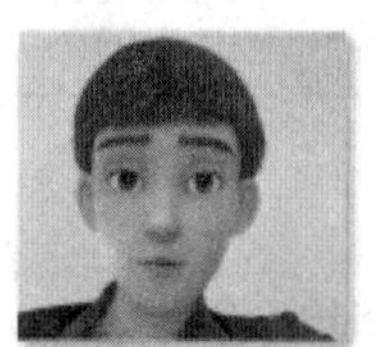
c2.png
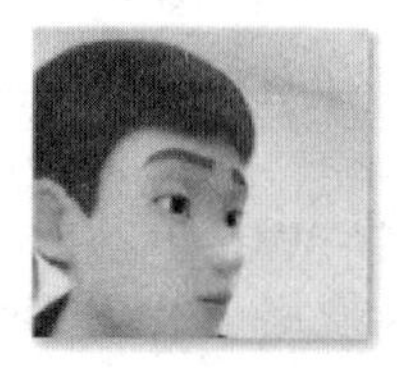
c3.png

d1.png

d2.png

图 10-13 案例图像

人脸识别结果如图 10-14 所示。

```
label= 0
confidence= 1729.5258501941044
```

图 10-14 Fisherfaces 人脸识别

示例代码如下所示。

```
import cv2
import numpy as np
images=[]
images.append(cv.imread("./images/1/c1.png",cv.IMREAD_GRAYSCALE))
images.append(cv.imread("./images/1/c2.png",cv.IMREAD_GRAYSCALE))
images.append(cv.imread("./images/1/d1.png",cv.IMREAD_GRAYSCALE))
images.append(cv.imread("./images/1/d2.png",cv.IMREAD_GRAYSCALE))
labels = [0,0,1,1]
recognizer = cv2.face.FisherFaceRecognizer_create()
recognizer.train(images, np.array(labels))
```

```
predict_image = cv2.imread("./images/1/c3.png", cv2.IMREAD_GRAYSCALE)
label, confidence = recognizer.predict(predict_image)
print("label=",label)
print("confidence=",confidence)
```

4. face_recognition 人脸识别

face_recognition 是一个较为简洁的人脸识别库，可以使用 Python 和命令行工具提取、识别、操作图像中的人脸。使用 face_recognition 进行人脸识别，首先需要安装 face_recognition 库，可以直接通过 pip 命令进行安装，需要注意的是 face_recognition 库依赖于 Dlib 库，所以在安装时要确定已经安装好 Dlib 库。face_recognition 人脸识别库提供的用于完成人脸识别的函数见表 10-12。

表 10-12　face_recognition 库人脸识别函数表

函数	描述
load_image_file()	加载训练图片
face_locations()	定位人脸位置信息
face_encodings()	获取面部编码
compare_faces()	比较脸部编码列表和候选编码

1）load_image_file()

使用 face recognition 库实现人脸识别，首先需要加载训练图片，face_recognition 库提供的 load_image_file() 函数可用于加载图片，语法格式如下所示。

```
face_recognition.load_image_file(filename)
```

filename 表示图片所在路径，这里的文件要和程序文件放在同一个文件夹中，方便加载图片时调用。

2）face_locations()

图片加载完成后可使用 face_locations() 函数来定位人脸位置信息，返回值为一个元组列表，可以进行监测并实时跟踪人脸，语法格式如下所示。

```
face_locations(img, number_of_times_to_upsample, model)
```

参数说明见表 10-13。

表 10-13　face_locations() 函数参数说明

参数	说明
img	图像矩阵
number_of_times_to_upsample	要查找的次数，该参数的值越高，越能发现更小的人脸

续表

参数	说明
model	指定查找的模式 'hog' 不精确但是在 CPU 上运算速度快 'CNN' 是一种深度学习的精确查找，但是速度慢，需要 GPU/CUDA 加速

用 face_locations() 函数来查看人脸的位置信息，示例代码如下所示。

```
import face_recognition
# 加载图像文件
img = face_recognition.load_image_file("./image/nba.jpg")
# 定位所有找到的人脸的位置
face_locations = face_recognition.face_locations(img)
for face_location in face_locations:
        # 打印每张人脸的位置信息
        top, right, bottom, left = face_location
        print("Top: {}, Left: {}, Bottom: {}, Right: {}".format(top, left, bottom, right))
```

代码运行效果如图 10-15 所示。

```
Top: 54, Left: 377, Bottom: 90, Right: 413
Top: 50, Left: 697, Bottom: 86, Right: 733
Top: 74, Left: 537, Bottom: 110, Right: 573
Top: 46, Left: 217, Bottom: 82, Right: 253
```

图 10-15　人脸信息

从图 10-15 可以看到，face_locations() 函数成功查找到了 4 组人脸信息。

3）face_encodings()

face_encodings() 函数可用于获取每个图像文件中的面部编码，由于每个图像中可能有多个人脸，所以返回的是一个编码列表，每张人脸是一个 128 维的向量。语法格式如下所示。

```
face_encodings(face_image, known_face_locations, num_jitters)
```

参数说明见表 10-14。

表 10-14　face_encodings() 函数参数表

参数	说明
face_image	人脸图像
known_face_locations	可选参数，默认为 None
num_jitters	在计算编码时要重新采样的次数

接下来遍历上述代码中的人脸信息编码，示例代码如下所示。

```
face_encodings = face_recognition.face_encodings(img)
for face_encoding in face_encodings:
    print("face_encoding len={}\n encoding:{}\n".format(len(face_encoding),face_encoding))
```

代码运行效果如图 10-16 所示。

```
face_encoding len = 128
 encoding:[-0.13915055  0.16561626  0.06915849 -0.0141629   0.00374485
-0.03040978
  0.08082607 -0.1074623   0.23011163  0.02899915  0.28335398 -0.000918
52
 -0.16638206 -0.15441141 -0.01764676  0.10860772 -0.10856804 -0.121753
39
 -0.13639857 -0.08398902 -0.03338386  0.03893421  0.04410994  0.102549
04
 -0.08556391 -0.38263568 -0.04832186 -0.15200956 -0.00225038 -0.128238
42
  0.07491308  0.11502427 -0.18287371 -0.117699   -0.05231155  0.019302
76
```

图 10-16　人脸编码信息

4）compare_faces()

根据已获得的人脸编码信息，使用 compare_faces() 函数来比较脸部编码列表和候选编码，判断其是否匹配，语法格式如下所示。

```
compare_faces(known_face_encodings, face_encoding_to_check, tolerance)
```

参数说明见表 10-15。

表 10-15　compare_faces() 函数参数

参数	说明
known_face_encodings	已知的人脸编码列表
face_encoding_to_check	待进行对比的单张人脸编码数据，返回值是一个布尔值列表
tolerance	两张脸之间有多少距离才算匹配。该值越小，对比越严格，默认为 0.6

通过以上学习，读者掌握了人脸检测和人脸识别的使用方法，为了巩固所学的知识，通过以下几个步骤，使用 face_recognition 实现人脸识别。

第一步：创建图片文件夹

创建图片文件，这里把两张人脸照片放入文件中，以英文名称作为照片的名称。

第二步：创建项目

创建 python 文件，引入 OpenCV、face_recognition、numpy 库，示例代码如下所示。

```
import face_recognition
import cv2 as cv
import numpy as np
```

第三步：打开摄像头

使用 VideoCapture() 函数打开摄像头，示例代码如下所示。

```
cap = cv.VideoCapture(0)
```

第四步：加载图片

加载图片文件，定义列表学习，并获取每个图像的编码，示例代码如下所示。

```
katonga1_image = face_recognition.load_image_file("a1.png")
katonga1_face_encoding = face_recognition.face_encodings(katonga1_image)[0]
katongb1_image = face_recognition.load_image_file("b1.png")
katongb1_face_encoding = face_recognition.face_encodings(katongb1_image)[0]
```

第五步：创建脸部特征数据的集合

known_face_names 用来存储图片名字，并标注在人脸框下。known_face_encodings 用来存储文件夹下图片的脸部编码，示例代码如下所示。

```
known_face_encodings = [
    katonga1_face_encoding,
    katongb1_face_encoding
]
known_face_names = [
    "KaTonga1",
    "KaTongb1"
]
```

第六步：初始化变量

初始化脸部信息、编码以及名称的信息，示例代码如下所示。

```
face_locations = []
face_encodings = []
face_names = []
process_this_frame = True
```

第七步：处理视频帧

获取视频每一帧图像，并将图像大小调整为 1/4，加快人脸识别处理，再将其转换为 RGB 颜色，示例代码如下所示。

```
while True:
    # 获取摄像头每一帧视频图像
    ret, frame = cap.read()
    # 将图像大小调整为 1/4,加快人脸识别处理
    img_frame = cv.resize(frame, (0, 0), fx=0.25, fy=0.25)
    # 将 OpenCV 使用 BGR 格式,将其转换为 RGB 颜色
    rgb_frame = img_frame[:, :, ::-1]
```

第八步:查找脸部信息

查找当前视频帧中的所有脸和脸的编码,判断该人脸是否匹配,示例代码如下所示。

```
    # 仅处理每隔一帧视频以节省时间
    if process_this_frame:
        # 查找当前视频帧中的所有脸和脸的编码
        face_locations = face_recognition.face_locations(rgb_frame)
        face_encodings = face_recognition.face_encodings(rgb_frame, face_locations)
        face_names = []
        for face_encoding in face_encodings:
            # 查看该人脸是否匹配
            matches = face_recognition.compare_faces(known_face_encodings, face_
encoding)
            name = "Unknown"
            face_distances = face_recognition.face_distance(known_face_encodings, face_
encoding)
            best_match_index = np.argmin(face_distances)
            if matches[best_match_index]:
                name = known_face_names[best_match_index]
            face_names.append(name)
    process_this_frame = not process_this_frame
```

第九步:结果显示

将检测到的帧放大回原来位置,绘制脸部矩形框标签,最后退出,释放资源,示例代码如下所示。

```
    for (top, right, bottom, left), name in zip(face_locations, face_names):
        # 放大脸部位置,因为我们检测到的帧已缩放为 1/4 大小
        top *= 4
        right *= 4
        bottom *= 4
        left *= 4
        # 绘制矩形框
```

```
            cv.rectangle(frame, (left, top), (right, bottom), (0, 0, 255), 2)
            # 绘制标签
            cv.rectangle(frame, (left, bottom - 35), (right, bottom), (0, 0, 255), cv.FILLED)
            cv.putText(frame, name, (left + 6, bottom - 6), cv.FONT_HERSHEY_DUPLEX, 1.0,
(255, 255, 255), 1)
        cv.imshow('Video', frame)
        # 输入 q 退出
        if cv.waitKey(25) & 0xFF == ord('q'):
            break
# 释放资源
cap.release()
cv.destroyAllWindows()
```

代码运行效果如图 10-17 所示。

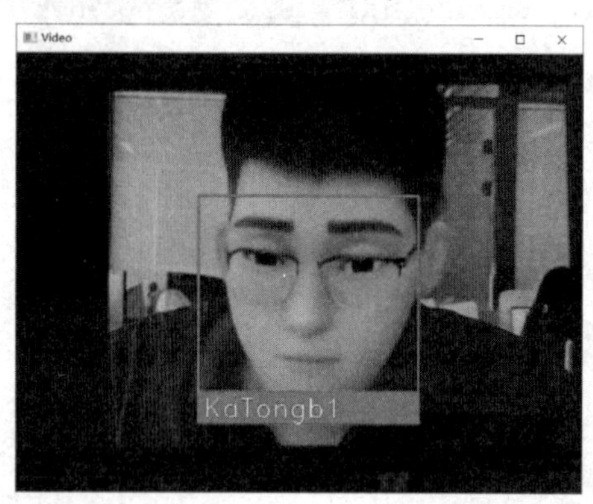

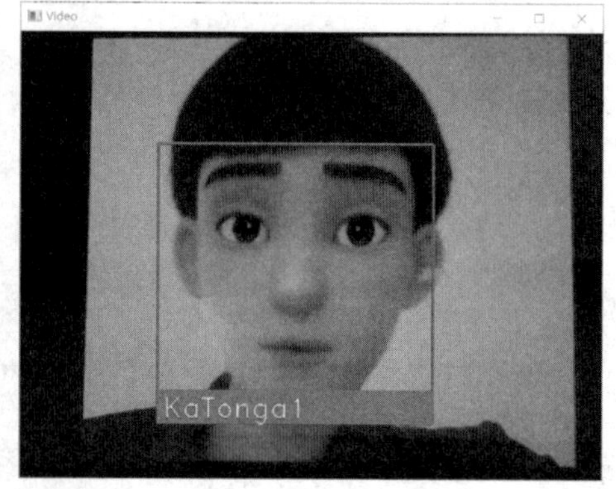

图 10-17 人脸识别图

通过对人脸识别的学习，读者熟悉了 face_recognition 库以及实现人脸识别的方法，如图片加载、脸部位置信息、编码以及信息匹配等，学会了如何使用 face_recognition 进行人脸识别。

detect 检测

classifier	分类器
predict	预测
neighbor	邻居
train	训练
recognition	识别
location	位置
face	脸
compare	比较
encoding	编码

一、选择题

1. 下列用来加载级联分类器的函数是（　　）。

A. detectMultiScale()　　B. load_image_file()

C. CascadeClassifier()　　D. Classifier()

2. Dlib 库中用来检测人脸的函数是（　　）。

A. detector　　B. detect()

C. face_locations()　　D. detectMultiScale()

3. 关于 LBPH 说法不正确的是（　　）。

A. 可以根据用户输入自动更新

B. LBPH 采用的是提取局部特征

C. 直接使用所有像素来进行人脸识别

D. 在进行人脸识别时，不会受到光照、缩放、旋转和平移的影响

4. 下列（　　）不属于人脸识别类。

A. Eigenface　　B. Dlib

C. Fisherface　　D.LBPH

5. 在使用 face_recognition 库进行人脸识别时，用来比较人脸信息的函数是（　　）。

A. compare_faces　　B. face_encodings()

C. load_image_file　　D. face_locations()

二、简答题

1. 什么是 LBPH 人脸识别？

2. 编写一个程序，使用级联分类器来检测人脸和眼睛。